水电站汉语

（基础篇）

吕振华　编著

中国水利水电出版社
www.waterpub.com.cn
·北京·

图书在版编目（CIP）数据

水电站汉语. 基础篇 / 吕振华编著. -- 北京 : 中国水利水电出版社, 2024. 11. -- ISBN 978-7-5226-2964-3

Ⅰ. H195.4

中国国家版本馆CIP数据核字第2024GT7511号

书　名	**水电站汉语（基础篇）** SHUIDIANZHAN HANYU (JICHU PIAN)
作　者	吕振华　编著
出版发行	中国水利水电出版社 （北京市海淀区玉渊潭南路1号D座　100038） 网址：www.waterpub.com.cn E-mail:sales@mwr.gov.cn 电话：（010）68545888（营销中心）
经　售	北京科水图书销售有限公司 电话：（010）68545874、63202643 全国各地新华书店和相关出版物销售网点
排　版	中国水利水电出版社微机排版中心
印　刷	天津嘉恒印务有限公司
规　格	184mm×260mm　16开本　20.75印张　340千字
版　次	2024年11月第1版　2024年11月第1次印刷
定　价	**68.00**元

前言

本书是在给中国葛洲坝集团马来西亚巴勒（BALEH）水电站工程项目外籍员工培训讲义的基础上整理而成。面向中等汉语水平（通过新HSK3/HSK4）学员，每周2学时，共24周、48学时的容量设计。如果学员不具有中等的汉语语言基础，直接使用本书可能会感到有些吃力。我们建议不具有中等汉语水平的学员，如果使用本教材，最好一边学习汉语基础知识，一边学习水电工程技术知识。

本书共24课，每一课有对话、课文、生词与短语、注释、练习题、中国国情与文化和高频汉字共7个模块。每课有20多个生词，教师上课时可以在课件中多加入一些图片来辅助词语学习。决策与论证、移民安置、工程建设、水电站运营与管理等兼顾到了水电站建设的全过程。水利工程建设程序，水利水电工程项目划分、建设施工组织设计、施工总体布置、工程施工管理与安全等是水利水电工程建设领域的基础知识，也是工程技术人员专业素养必不可少的组成部分。土石方工程、爆破工程、地基处理、混凝土工程、地下建筑工程、水闸与船闸等是较为具体的专业知识。防洪、发电、航运、生态、环境等是水电站建设与管理不可缺少的知识单元。

注释是本书的重要组成部分。一般的观点认为“中文＋职业”课程的主要关注点是专业技术词语和特定场景下的交际。学员既然已经具备了中等的汉语水平，那么他们也基本掌握了汉语的语法体系。是的，这种看法是有道理的，但是我们还是选择了最能体现汉语语法特点的语法项目。理由如下：一是作为语法阅读的材料，供学员复习巩固语法知识。二是这些语法项目既是重点，也是难点，中等汉语水平的学员有必要进一步学习。汉语的量词、“很”加形容词、动态助词“着”、名词谓语句、“把”

字句、“被”字句、存现句、主谓短语作谓语的语句等是最能体现汉语语法特点的，即便是中等水平的汉语学员也未必已经掌握了这些语法项目的精髓。除语法项目之外，本部分还有一些行业术语和文化知识，选择的时候力求突出资料的科学性、代表性和趣味性。注释部分供学员自己阅读学习、增长知识。

中国国情与文化部分选取了水利行业的大禹治水、龙母传说、都江堰、西门豹治邺等中国古代文化的优秀部分。我们也涉及了以清洁能源回应气候变暖、中国最新的生态观、中国式现代化、中国脱贫攻坚等实践，也涵盖了最近几年中国提出的全球发展倡议、全球安全倡议和全球文明倡议等中国主张。这些当代中国国情文化的介绍和讨论有利于海外汉语学习者了解和理解当代中国，也有利于增加课堂学习的趣味性、互动性。中国国情与文化部分学习的方式以师生讨论、学员发言为宜。

我们重视汉字教学。这与北京大学陆俭明教授（2023）“要重视汉语书面语教学”的呼吁是一致的，因为学员只有掌握了常用汉字的形、音、义，才能逐步摆脱对汉语拼音的依赖，才有可能逐步阅读汉语文献。潘文国（2001，2006）提倡“字本位”的教学理念，认为汉语的“字”是汉语书面语的天然单位，是与英语等拼音文字中的“词（word）”对应的语言单位。关于汉字频率，许多学者进行了很有启发的探索，如北京语言大学邢红兵（2019）基于25亿字的语料集统计了汉字字频。数据表明，最常用的10个高频汉字是“的、一、了、是、不、我、在、有、人、这”。这些汉字累计覆盖汉语文本的16.38%，最常用的100个汉字覆盖文本的47.39%，最常用的1000个汉字覆盖文本的88.90%[1]。每一个汉字都包含了特定的形、音、义，所以这里的高频汉字都标注了拼音、词性、包含该字的常用词和短语，列出了这些高频汉字的笔顺，方便学员读写。每课的高频汉字部分可以作为学员的课后作业。

本书从构思到交付初稿用时2年多，编者为此倾注了大量的时间和精力。但由于本书极有可能是第一部面向母语非汉语者的水利水电工程汉语

---

[1] 资料来源：邢红兵在北京语言大学教师个人主页提供的“25亿字语料汉字字频表”。

教材，可借鉴参考的资料很少，加之编者水平有限，书中错误和疏漏之处在所难免。真诚欢迎各位专家、教师、学员提供建议和意见，您的反馈是我们改进本书直接的、宝贵的推动力量。编者邮箱：lvzhenhua@ncwu.edu.cn。

本书对话、生词与短语的朗诵者是宋思葳和范玲聿，在此对他们的辛苦工作表示感谢！

本书配套音频资料请到水电知识网（www.waterpub.com.cn）下载中心下载。

吕振华

2024 年 9 月 22 日

中国河南郑州

Preface

This book is compiled based on the training handouts given to foreign employees of China Gezhouba Group's BALEH Hydropower Station Project in Malaysia. For students with intermediate Chinese proficiency (passed the new HSK3/HSK4), the course is designed with 2 teaching hours per week for a total of 24 weeks and 48 teaching hours. If the student does not have an intermediate Chinese language foundation, it will be a bit difficult to use this book directly. We recommend that students who do not have an intermediate level of Chinese proficiency should learn basic knowledge of Chinese at the same time as they learn hydropower engineering technical knowledge.

The book is divided into 24 lessons, each lesson has 7 modules in total: dialogue, text, new words and expressions, notes, exercises, Chinese national conditions and culture, and high-frequency Chinese characters. There are over 20 new words in each lesson. Teachers can add more pictures to the courseware to assist word learning during class. The entire process of hydropower station construction is taken into account, including decision-making and demonstration, resettlement, engineering construction, and operation and management of hydropower stations. Flood control, power generation, shipping, ecology and environment are indispensable knowledge parts for the construction and management of hydropower stations.

The notes are an important part of this book. The general view is that the main focus of "Chinese + Vocational" courses is professional technical words and industry communication in specific scenarios. Since students already have an intermediate level of Chinese proficiency, they have also basically mastered the Chinese grammar system. Yes, this view makes sense, but we still selected the grammatical items which best reflect the specific aspects of Chinese language grammar. The reasons are as follows: First, it serves as grammar reading materials for students to review and consolidate their grammar knowledge. Second, these grammar items are both key and difficult, and students with intermediate Chinese proficiency need to study further. In addition to grammar items, this part also contains some industry terms and cultural words. When selecting, we strive to highlight the scientific nature, representativeness and interest of the materials.

In the section of Chinese conditions and culture, we select outstanding parts of ancient Chinese culture such as Dayu's control of water in the water conservancy industry, the legend of the Dragon Mother in the Pearl River Basin, Dujiang Weirs, and Ximen Bao's managing of Ye County. We also covered the response to climate warming with clean energy, China's latest ecological concepts, Chinese-style modernization, China's poverty alleviation and other practices, as well as China's propositions such as the global development initiative, global security initiative and global civilization initiative proposed by China in recent years. These introductions and discussions of contemporary China's conditions and culture are helpful for overseas Chinese language learners to understand contemporary China, and are also conducive to making classroom learning more interesting and interactive. The appropriate way to study this part is through teacher-student discussions and student speeches.

We attach great importance to the teaching of Chinese characters. This is consistent with Professor Lu Jianming of Peking University's call for emphasis on the teaching of written Chinese, because only by mastering Chinese characters can students gradually get rid of their reliance on Chinese Pinyin and gradually read Chinese literature. Each Chinese character contains specific shapes, sounds, and meanings, so the high-frequency Chinese characters here are marked with Pinyin, part of speech, and common words and phrases containing the character. The stroke order of these high-frequency Chinese characters is listed to facilitate students' reading and writing. The high-frequency Chinese characters in each lesson can be used as homework for students.

This book took more than 2 years from conception to delivery of the first draft, and the editor devoted a lot of time and energy. However, since this book is probably the first Chinese textbook for water conservancy and hydropower majors of non-native Chinese speakers, there are very few reference materials, and the editor's skills are limited, so errors and omissions in the book are inevitable. We sincerely welcome experts, teachers, and students to provide suggestions and ideas. Your feedback is a direct and valuable driving force for us to improve this book. Editor's email: lvzhenhua@ncwu.edu.cn.

The narrators for the dialogues, new words and phrases in this book are Song Siwei and Fan Lingyu. Hereby, we express our gratitude for their excellent work!

If you need the accompanying audio materials for this book, please visit the download center at the Hydropower Knowledge Network (www.waterpub.com.cn) to download them.

LYU Zhenhua

September 22, 2024

Zhengzhou, Henan Province, China

CONTENTS 目录

第1课
决策与论证

一 对话（Duìhuà）Dialogue

（一）

A：建设大坝需要什么呢？

B：需要钱啊！

A：别开玩笑！我是认真的。

B：需要资金、技术、人力、材料、机械、设计等。

A：建设大坝有哪些好处呢？

B：好处很多，比如防洪、航运、发电、旅游等。

A：那么是不是就没有弊端了呢？

B：也不是。像建设大坝这样的工程可能会涉及移民、环境保护等问题，需要考虑很多的因素，比如资金、移民、施工安全和环境保护等。

图1　中国乌东德水电站

（二）

A：大坝的建设是一个有争议的话题。你认为建设大坝有哪些利和弊呢？

B：建设大坝的好处在于能够调节水流，提供稳定的水资源，防洪抗旱，发电产生清洁能源，促进航运和旅游业发展等。弊端则包括可能造成生态破坏，影响河流生态系统和区域性气候，还可能带来地质灾害风险和移民问题。

A：修建大坝之前需要进行哪些评估和论证工作呢？

B：在修建大坝之前，需要进行水资源评价、水文学研究、社会经济影响评价、地质勘察等工作，以确保工程的可行性和安全性。

A：什么是水文学研究？它在决策中的作用是什么？

B：水文学研究是对水流和水位变化规律的研究，包括对降雨和流量数据的分析。它在决策中的作用是预测未来的水位和流量变化，为大坝规模和防洪能力的设计提供依据。

A：大坝的建设需要考虑哪些地质因素？

B：大坝的建设需要进行地质勘察，考虑建设地点的地质条件和地质稳定性。要评估可能出现的地质灾害风险，如地震等。

A：大坝的建设对生态环境有哪些影响？

B：大坝的建设可能对生态环境造成影响，包括生态破坏、河流生态系统的改变和对区域性气候的影响。

A：建设大坝对社会经济有什么影响？

B：建设大坝可能带来一系列利益问题，如水资源的利用和发电带来的经济收益，航运和旅游业的发展等。但是也可能影响当地居民的生活，带来移民问题，需要进行社会经济影响评价。

A：建设一座大坝需要多少资金？如何进行经济可行性评估？

B：建设大坝需要巨大的资金投入，包括工程量和其他支出。经济可行性评价会对工程建设的成本和收益进行综合考虑，判断是否值得投入这样的资金。

A：大坝的建设如何应对洪水和干旱问题？

B：大坝的建设可以调节水流，产生水库容量，用于洪水调节，也可以在干旱期间释放储水来保障供水，从而增强防洪抗旱能力。

A：建设大坝后，会对发电产生什么影响？

B：建设大坝时还需要建设发电厂房、安装水轮发电机组等。通过水流发电产生清洁能源，减少对传统能源的依赖，对减少碳排放将产生积极的影响。

A：修建大坝会对航运和旅游业有何影响？

B：大坝的修建可以形成水库，提供水运交通条件，方便货物运输和旅客出行，促进航运和旅游业的繁荣发展。

课文（Kèwén）Text

水利枢纽工程决策论证

水利枢纽工程的建设是一个涉及多方面的重大决策，需要经过全面的论证和评价。它既有利，也有弊。建造大坝的主要目的是防洪、航运和发电。但是建设大坝也可能会对生态环境造成破坏，同时对区域性气候也会产生影响。对于是否建设大坝这类有争议的工程，必须充分考虑各方面的因素，进行科学的论证，确保决策的合理性和可行性。

一是水资源评价与水文学研究。在水利枢纽工程的决策论证中，首先要对项目所在地区的水资源进行评价，包括河流、湖泊和地下水等水资源的现状和分布情况及水资源的年变化趋势。还要进行水文学研究，分析历史水位和流量数据，预测未来的水位和流量变化，以便合理地规划和设计水利枢纽的规模和功能。

二是社会经济影响评价。水利枢纽工程的建设对当地社会和经济产生影响。因此，必须进行社会经济影响评价。要综合考虑工程建设和运行对当地农业、居民迁移、就业等方面的影响，评价其对当地社会稳定和经济可持续发展的影响。

三是地质勘察与灾害风险评价。水利枢纽工程的建设需要进行地质勘察，确定建设地点的地质条件和地质稳定性。要评价工程建设和运行中可能出现的地质灾害风险，如地震、滑坡等，确保工程的安全性和稳定性。

四是水资源利用与生态环境评价。对于水利枢纽工程的决策，必须充分考虑水资源的利用效益与生态环境的保护。在工程建设后，水资源的调节、供水和发电等功能将带来一系列利益问题，但是也可能对河流生态系统和区域性气候产生影响，甚至造成生态破坏。因此，要进行综合评价，制定相应的保护和修复措施，确保水资源的合理利用和生态环境的可持续发展。

五是经济可行性评价。对于水利枢纽工程的建设，必须进行经济可行性评价，确保项目的投资成本和收益平衡。要核算工程建设的成本，包括工程量和资金投入，同时也要考虑工程运行后的经济收益，如发电和航运等方面的收益。

综合上述因素，对于水利枢纽工程的决策论证应该是全面的、科学的和客观的。支持修建大坝的一方认为，水利枢纽工程可以提高水资源利用效率，解决洪水和干旱问题，提供清洁能源和便捷的航运条件，同时也可以促进当地经济的发展和旅游业的繁荣。而反对修建大坝的一方则关注工程可能带来的生态破坏和地质灾害风险以及对当地居民的生活和文化的影响。因此，水利枢纽工程的决策论证必须充分考虑各方面的因素，平衡不同的利益，最终作出对社会和环境都负责任的决策。只有通过科学的论证和广泛的社会参与，确保大坝建设和运行是合理的、安全的和可持续的，才能为当地和国家带来最大的利益，推动经济发展与生态保护的良性循环。

三 生词与短语（Shēngcí yǔ Duǎnyǔ）New Words and Expressions

建设	jiànshè	*n.* construction; *v.* construct[1]
大坝	dàbà	*n.* dam
论证	lùnzhèng	*v.* demonstrate; *n.* demonstration

[1] 为了让读者快速地识别单词的词性，我们对词语的词性进行了标注。标注方法与字典、教科书或者语法解释中的符号一致。以下是一些常见的词性及其对应的缩写：名词（Noun）- *n.*，动词（Verb）- *v.*，形容词（Adjective）- *adj.*，副词（Adverb）- *adv.*，……名词性短语（Noun Phrase）- *NP.*，以及动词性短语（Verb Phrase）- *VP.*。

可行性研究	kěxíngxìng yánjiū	*NP.* feasibility study
投资成本	tóuzī chéngběn	*NP.* investment cost
经济效益	jīngjì xiàoyì	*NP.* economic benefits
评价	píngjià	*n.* evaluation; *v.* evaluate
环境影响评价	huánjìng yǐngxiǎng píngjià	*NP.* environmental impact assessment
水资源评价	shuǐ zīyuán píngjià	*NP.* water resource assessment
市场分析	shìchǎng fēnxī	*NP.* market analysis
技术方案	jìshù fāng'àn	*NP.* technical solution
运行成本	yùnxíng chéngběn	*NP.* operational cost
政策法规	zhèngcè fǎguī	*NP.* policies and regulations
水资源	shuǐzīyuán	*NP.* water resources
地质勘察	dìzhì kānchá	*NP.* geological survey
发电	fā diàn	*VP.* generate electricity
清洁能源	qīngjié néngyuán	*NP.* clean energy
水库	shuǐkù	*n.* reservoir
河流生态系统	héliú shēngtài xìtǒng	*NP.* river ecosystems
移民	yímín	*n.* migration; migrant
工程量	gōngchéngliàng	*NP.*engineering volume
资金	zījīn	*n.* funds

四　注释（Zhùshì）Notes

（一）大坝

大坝是水利水电工程中的一种重要设施，通常是由土石、混凝土或其他材料构筑而成的，具有拦截水流、防洪、发电、灌溉和供水、改善航运条件等多种功能。防洪功能是指大坝可以拦截洪水，减少洪水对下游地区的冲击和破坏，保护周边的城镇和农田。蓄水功能是指大坝蓄积水量，形成水库，提供工业农业生产以及居民生活所需的用水。发电功能是指大坝利用蓄积的水能，通过水轮发电机发电，为人们提供清洁的能源。改善航运的功能是指大坝可以调节河流水位，改善航运条件，使船只能够更顺利地航行。

大坝一般有混凝土重力坝、拱坝和土石坝。中国的三峡大坝是世界上最大的混凝土重力坝，总长约 2.3 千米，最大坝高 185 米。三峡大坝不仅起到了防洪的作用，还提供了大量的清洁能源。三峡水电站是世界上目前规模最大的水电站和清洁能源基地。据统计，三峡工程的每年发电量约为 1100 亿千瓦时（1100 TW · h）左右。胡佛水电站是一座在美国内华达州和亚利桑那州交界处的科罗拉多河上的重要的水电工程，被誉为工程史上的奇迹之一。胡佛水电站始建于 20 世纪初期，该工程的核心是一座混凝土拱坝，高约 221 米（726.4 英尺），也是世界上最高的混凝土拱坝之一。借助于这个拱坝，该水电站的装机容量约为 2080 兆瓦（2080 MW），可以为约 100 万户家庭提供电力。正是因为有了这座水电站，拉斯维加斯才有了持续发展和繁荣不可缺少的水源电力。

图 2　胡佛大坝

（二）汉语中的量词

汉语是一门很有特色的语言，其中量词的表达法在语言结构和使用方式上与其他语言有所不同。对于母语非汉语的外国学习者来说，一开始学习量词可能会有一些挑战。不过一旦掌握，你的汉语表达将更加准确和丰富。量词通常用来表示人、事物或动作的数量单位。在汉语中，名词和量词常常搭配使用，形成一个完整的名词短语。量词通常放在名词前面，用来具体说明该名词的数量。

1. 数量的量词表达法

“一个人（yí gè rén）”，这里“一”表示数量，量词“个”表示单位，用于计量人的数量。“三只小猪（sān zhī xiǎo zhū）”，“三”表示数量，量词“只”表示单位，用于计量某些动物的数量。“八棵树（bā kē shù）”，“八”表示数量，量词“棵”表示单位，用于计量树木的数量。“个（gè）”是一个使用最为广泛的量词，例如“一个人”“两个学生”“三个苹果”，翻译成英文就是“a person”“two students”“three apples”。

2. 特定物品的量词表达法

“一杯咖啡（yī bēi kāfēi）”，这里“一”表示数量，而“杯”是用于计量液体的量词。杯（bēi）用于液体，例如“一杯水”“两杯咖啡”，翻译成英文就是“a glass of water”“two cups of coffee”。“张（zhāng）”也是一个常用的量词，用于纸张及相关物品、其他具有平面特征的物品，例如“一张纸”“两张床”“三张照片”，翻译成英语就是“a sheet of paper”“two beds”“three photos”。

3. 抽象概念的量词表达法

在“一池秋水（yī chí qiūshuǐ）”中，“一”表示数量，而“池”是用于计量水体的量词。英语中可以用“a pool of”表示“一池”，例如“a pool of autumn water”。在“两袖清风（liǎng xiù qīngfēng）”中，“两”表示数量，而“袖”本义是指上衣的袖子，这个词语比喻一个人为官清廉。在“三世情缘（sān shì qíng yuán）”中，“三”表示数量，而“世”是用于计量时间或代际的量词，意思说“三辈子”的情缘，基本上对应英语的“three-lifetime fate of love”。

五 练习题（Liànxítí）Exercises

1. 在建设新的发电站之前，必须进行详尽的 __________，以评价项目的可行性和潜在挑战。
2. __________ 是项目初期最重要的考虑因素之一，它直接影响到项目的财务计划和可行性。
3. __________ 通常被用来评价一个项目是否值得投资，包括它为当地社会和经济带来的好处。
4. 为了理解发电站对环境的潜在影响，__________ 是一个不可缺少的步骤。
5. __________ 是在项目早期阶段进行的，旨在评价项目在特定的市场环境下的表现和成功概率。
6. 确定 __________ 是项目规划阶段的关键部分，它将决定发电站的总体性能和产能。
7. 在决策过程中，对于发电站的 __________ 也需进行严谨的分析，以确保长期运行的经济可持续性。
8. 任何新建发电站项目都必须严格遵守当地 __________，包括安全、环保和运营标准。

六 中国国情与文化（Zhōngguó Guóqíng yǔ Wénhuà）Chinese National Conditions and Culture

大 禹 治 水[1]

在很久很久以前，中国这片土地上到处都是洪水。[2]大水泛滥，无边

[1] 大禹（yǔ）治水是中国著名的神话故事之一。

[2] 《山海经·卷十八·海内经》记载：“洪水滔天，鲧窃帝之息壤以堙洪水，不待帝命。帝令祝融杀鲧于羽郊。鲧复生禹。帝乃命禹卒布土，以定九州。”《史记·夏本纪》中记载：“……当帝尧之时，鸿水滔天，浩浩怀山襄陵，下民其忧。”

无际，淹没了庄稼，淹没了山陵，淹没了人民的房屋。人民流离失所，很多人只得背井离乡，水患给人民带来了无边的灾难。在这种情况下，尧（Yáo，中国传说中的部落首领）决心要消灭水患，于是就开始访求能治理洪水的人。一天，他把手下的大臣找到身边，对他们说道："各位大臣，如今水患当头，人民受尽了苦难，必须要把这大水治住。你们看谁能来当此大任呢？"

于是群臣和各部落的首领都推举鲧（Gǔn）。尧素来觉得鲧这个人不可信，但是眼下又没有更合适的人选，于是就暂且将治水的任务委任给鲧。鲧治水治了九年，大水还是没有消退。后来舜开始主持朝政，他所碰到的首要问题也是治水，他首先革去了鲧的职务，将他流放到羽山。

舜（Shùn）也来征求大臣们的意见，看谁能治退洪水。大臣们都推荐禹。他们说道："禹虽然是鲧的儿子，但是比他的父亲德行能力都强多了。这个人为人谦逊，待人有礼，做事认认真真，生活也非常简朴。"舜并不因为他是鲧的儿子而轻视他，而是很快把治水的大任交给了他。

图 3　大禹治水

大禹（Yǔ）实在是一个贤良的人，他并不因为舜处罚了他的父亲就记恨在心，而是欣然接受了这一任务。他暗暗地下定决心，说道："我的父亲因为没有治好水，而给人民带来了苦难。我一定努力再努力。”但是他知道，这是一个多么重大的职责啊！他哪里敢懈怠分毫？考虑到这一特殊的任务，舜又派伯益（Bóyì）和后稷（Hòujì）两位贤臣和他一道，协助他的工作。当时，大禹刚刚结婚才四天，他的妻子是一位贤惠的女人，同意丈夫前去，大禹洒泪和自己的恩爱妻子告别，就踏上了征程。

禹带领着伯益、后稷和一批助手，跋山涉水，风餐露宿，走遍了当时中原大地的山山水水，穷乡僻壤，人迹罕至的地方都留下了他们的足迹。大禹感到自己的父亲没有完成治水的大业而空留遗憾，而在他的手上这任务一定要完成。他沿途看到无数的百姓都在洪水中挣扎，他一次次在那些流离失所的百姓面前流下了眼泪。而一提到治水的事，相识的和不相识的人都会向他献上最珍贵的东西。当然他不会收下这些东西，但是他感到百姓的情意实在太浓太真了！这也倍增了他的决心和信心。

大禹左手拿着准绳，右手拿着规矩，走到哪里就量到哪里。他汲取了父亲采用堵截方法治水的教训，发明了一种疏导治水的新方法。其要点就是疏通水道，使水能够顺利地东流入海。大禹每发现一个地方需要治理，就到那里去发动群众来施工。每当水利工程开始的时候，他都和人民在一起劳动。吃在工地，睡在工地，挖山掘石，披星戴月地干。

他生活简朴，住在很矮的茅草屋里。但是在水利工程上他又是最肯花钱的。每当治理一处水患而缺少钱，他都亲自去争取。他在治水过程中，有三次路过家门都没有进去。有一次他路过自己的家，听到了小孩的哭声，那是他的妻子涂山氏刚给他生了一个儿子。他多么想回去亲眼看一看自己的妻子和孩子啊！但是一想到治水任务艰巨，他只得向家中那茅屋行了一个大礼，眼里噙着泪水，毅然地离开了。

大禹治理好了很多大山，疏通了很多大河，平定了天下，最后成了人们拥戴的首领（国王）[1]。大禹治水一共花了 13 年的时间，正是在他的努力下，咆哮的河水失去了往日的凶恶，驯驯服服地平缓地向东流去，昔日被水淹没的山陵露出了头脸，农田变成了粮仓，百姓又能筑室而居，过上幸福、富足的生活。后代人们感念他的功绩，为他修庙筑殿，尊他为

---

[1] 感兴趣的读者可阅读由中华书局出版的《史记》。

“禹神”，整个中国也被称为“禹域”，也就是说这里是大禹曾经治理过的地方。

思考题

1. 尧做首领的时候，中国这个地方面临什么灾害？
2. 禹和他的父亲不同，采用了什么方法治水？
3. 请谈一谈大禹治水的细节和功劳。

七 高频汉字（Gāopín Hànzì）High-frequency Chinese Characters

关于汉字频率，许多老师进行了很有启发的探索，如北京语言大学邢红兵（2019）基于25亿个汉字的语料集统计了汉字字频。数据表明，最常用的10个高频汉字是“的、一、了、是、不、我、在、有、人、这”。这些汉字累计覆盖汉语文本的16.38%，最常用的100个汉字覆盖文本的47.39%，最常用的1000个汉字覆盖文本的88.90%。每一个汉字都包含了特定的形、音、义，所以这里的高频汉字都标注了拼音、词性、包含该字常用词和短语。有些字本身就是一个词，比如“一”“人”“有”“年”“是”“不”“来”“我”“多”“个”；有些字本身不是词，是构成词的语素，比如“经”“产”“建”“资”“企”“济”“机”“设”“利”“务”“可”“科”。我们把这些语素放在词语里面来考察，“资”“国”“机”等严格地说是名词性语素，为了方便、一致，统一标注为名词，“建”“济”“设”等动词性语素标注为动词。

（一）本课高频汉字

的　一　国　在　人　了　有　中　是　年　和　大

（二）读音、词性、经常搭配的词和短语

的	de	助词 / 语气词	我的，哥哥的车，好的
一	yī	数词	一次，一个，一碗米饭
国	guó	名词	国家，中国，国内
在	zài	介词	在家，在学校，在路上
人	rén	名词	一个人，好人，人们
了	le	助词	吃了，去了，来了
有	yǒu	动词	有人，有钱，有时间
中	zhōng	名词	中国，中间，中文
是	shì	动词	我是，他是，今天是星期六
年	nián	名词	今年，去年，明年
和	hé	连词	我和你，音乐和啤酒，茶和咖啡
大	dà	形容词	大树，大门，大鱼

（三）书写笔顺

的

一

国

在

人

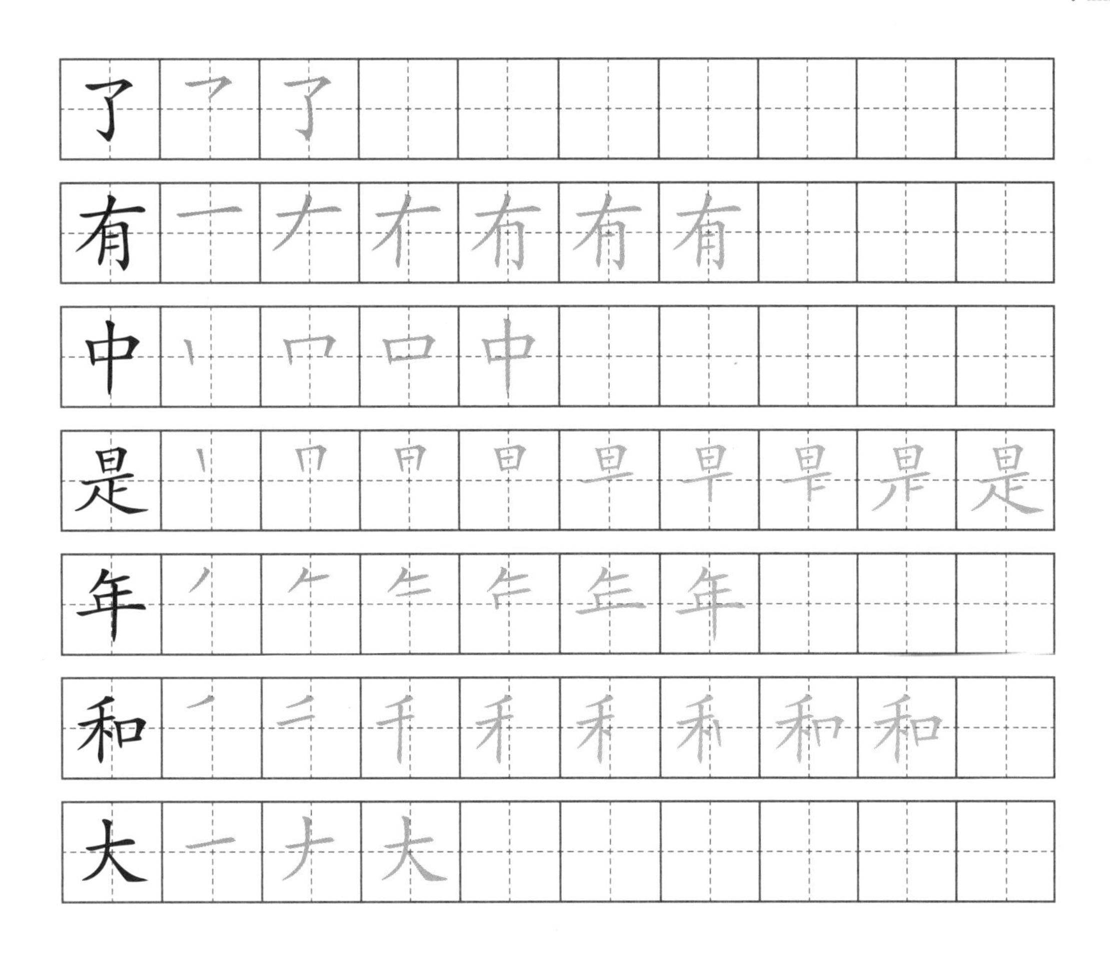
了
有
中
是
年
和
大

第 2 课
移民安置

对话（Duìhuà）Dialogue

（一）

A：建设大坝有一个难题。

B：什么难题？

A：移民。

B：为什么说移民是一个难题？

A：因为故土难离。几乎没有人愿意主动离开自己的家园而搬迁到别的地方。

B：大部分水电站都需要移民，因为水位的提高会形成一个或大或小的人造湖。有没有什么办法？

A：也有，比如说给他们提供新的房子、新的工作，还有钱。

B：听说中国的三峡工程有 100 万名移民？

A：对，据统计有 113 万名，还有人说有 130 多万名。

（二）

A：你听说了吗，我们这里要建一座水电站。

B：是吗，你给我说说什么样的水电站？

A：一座中型水电站。

B：中型水电站，跟我们有什么关系呢？

A：当然有关系。根据规划，我们要搬迁到别的地方去。

B：搬迁到哪里呢？

A：现在还说不好，可能到别的县城，几十公里以外的地方。

B：那我们的房子、果树、田地怎么办？

A：我们的房子、果树、田地等可能会被水淹没，因为要建设水电站就需要建一个大坝。建设大坝就会出现一个水库，一个水库形成的湖。

B：我们的父辈、父辈的父辈可都是生活在这里的。说离开就离开？

A：估计也没有办法。搬到别的地方，我们会得到新的土地、房子还有一笔钱，我们还有可能来水电站这里工作。

B：那我也不想搬走。

二　课文（Kèwén）Text

移　民　安　置

在大型水利设施，例如水电站、引水工程等的建设过程中，很多村民面临着搬迁的难题。为了推进国家的经济发展和城乡建设，政府会制定相关政策，鼓励或者强制进行搬迁，但是这对许多村民来说是一件很难受的事情，因为他们的家园、故土是他们生活的根基，所谓故土难离。在建设三峡大坝的过程中，先后有 100 万人迁移到了其他的地方。

在搬迁的过程中，有几种不同的方式：开发性移民、本地安置、异地安置和分散安置。其中，开发性移民是指将村民搬迁到开发区，以便他们能够参与新的工作。而本地安置则是将村民搬迁到附近的城市或者新建的城镇中，以便他们能够继续在本地工作和生活。异地安置则是将村民搬迁到另一个地方，例如省内的其他城市或者省外的某个城市，这也是为了给村民提供更好的生活和工作机会。分散安置则是将村民分散到不同的地方，以便他们能够更好地适应新的环境。举个例子，中国三峡工程涉及了大规模的移民。自 1994 年正式实施移民搬迁安置工程至 2010 年移民搬迁全部完工，三峡库区已搬迁安置移民 100 余万人，相当于一个欧洲中等国家的人口。

在搬迁过程中，对于村民来说，故土难离是一个重要的问题。许多村民已经在自己的家园中生活了一辈子，他们已经与这片土地建立了深厚的情感联系。因此，对于许多村民来说，搬迁并不是一项容易的决定，他们需要考虑到自己和家人的生活和工作问题，以便做出最好的决定。政府应该采取适当的措施来帮助村民适应新的环境。例如，政府可以为他们提供适当的补贴和住房补助，以便他们能够更好地安置。此外，政府还应该尽可能地为村民提供更好的就业和教育机会，以便他们能够更好地适应新的生活和工作环境。

移民安置是一个复杂而重要的课题。在推进城乡结构调整和资源开发的同时，政府必须充分考虑村民的利益和故土情感，制定科学合理的政策和安置模式。通过保护与发展的平衡，促进社会参与和公众意见征集，我们可以实现移民安置的良好效果，守护家园的新篇章。只有在这样的理念指引下，我们才能实现经济发展与社会和谐的统一目标。

生词与短语（Shēngcí yǔ Duǎnyǔ）New Words and Expressions

搬迁	bānqiān	*n.* relocation
异地安置	yìdì ānzhì	*NP.* remote resettlement
本地安置	běndì ānzhì	*NP.* local resettlement
分散安置	fēnsàn ānzhì	*NP.* scattered resettlement
村民	cūnmín	*n.* villager
政策	zhèngcè	*n.* policy
补偿	bǔcháng	*n.* compensation
家园	jiāyuán	*n.* homeland
开发性移民	kāifāxìng yímín	*NP.* development resettlement
故土难离	gùtǔ-nánlí	*phrase.* Homeland is hard to leave.
难题	nántí	*n.* problem
移民补助	yímín bǔzhù	*NP.* resettlement subsidy

社区重建	shèqū chóngjiàn	*NP.* community reconstruction
经济补偿	jīngjì bǔcháng	*NP.* economic compensation
安置政策	ānzhì zhèngcè	*NP.* resettlement policy
生活援助	shēnghuó yuánzhù	*NP.* livelihood assistance
职业培训	zhíyè péixùn	*NP.* vocational training
基础设施	jīchǔ shèshī	*n.* infrastructure
农村发展	nóngcūn fāzhǎn	*NP.* rural development
社会影响	shèhuì yǐngxiǎng	*NP.* social impact
文化遗产	wénhuà yíchǎn	*NP.* cultural heritage
环境	huánjìng	*n.* environment

四　注释（Zhùshì）Notes

（一）移民

移民是指个体或群体离开原居住地，迁移到其他地方定居或暂时居住的行为。这种行为可能是出于自愿，比如寻求更好的工作机会、生活条件或经商投资。也可能是被迫的，比如工程移民、政治环境不好、自然环境恶劣等。

大型工程，尤其是大型水电站的建设，往往需要进行移民，以腾出建设用地和确保施工安全。在中国和世界上其他国家，许多工程建设都涉及大规模的移民事件。中国典型的是三峡移民和南水北调工程移民。中国三峡工程是世界上最大的水电站之一。为了建设这个庞大的水电站，中国政府先后迁移了约 130 万人。另一个是南水北调工程移民。该项目涉及大量移民，估计涉及人口超过 200 万人。

在中国之外也有一些重大的移民事件。位于巴西亚马孙地区的巴尔萨斯水电站，为了建设该水电站，涉及大量原住民和居民的移民。在乌干达，为了建设阿塔坎巴水电站，涉及大量居民的移民和土地征用。在进行大型工程建设时，移民是不可避免的问题。政府和相关方面应该充分考虑移民群体的权益，采取适当的补偿和安置措施，确保移民的利益得到保障，同时尽量减少对社会、环境和文化的不良影响。

（二）汉语数字位数的表达：百、千、万、亿

汉语数字位数的表达是一个独特的系统，其中包括百、千、万和亿等单位，用于表示不同数量级的数字。这些数字单位在日常生活和文化中都扮演着重要的角色。

百（hundred）：表示“100”这一数量级。百的表达方法相对简单，就是将数字后面加上“百”字。例如：一百、两百、三百、一百零一、一百二十三等。在英语中，相应表达为“hundred”，用法也类似，例如：one hundred、two hundred、three hundred、one hundred and one、one hundred and twenty-three 等。

千（thousand）：表示“1000”这一数量级的单位。千的表达方法是将数字后面加上“千”字。例如：一千、两千、三千、一千零一、一千二百三十四等。在英语中，相应表达为“thousand”，用法也类似，例如：one thousand、two thousand、three thousand、one thousand and one、one thousand two hundred and thirty-four 等。

万（ten thousand）：表示“10000”这一数量级的单位。万的表达方法是将数字后面加上“万”字。例如：一万、两万、三万、一万零一、一万二千三百四十五等。在英语中，相应表达为“ten thousand”，但英语中通常不使用“ten thousand”来表达具体数字，而是使用具体数字来表示。例如：ten thousand、twenty thousand、thirty thousand、ten thousand and one、twelve thousand three hundred and forty-five 等。

亿（hundred million）：表示 100000000（亿）这一数量级的单位。亿的表达方法是将数字后面加上“亿”字。例如：一亿、两亿、三亿、一亿零一、一亿二千三百四十五万六千七百八十九等。在英语中，相应表达为“hundred million”，用法也类似，但通常在英语中使用“billion”表示 10 的 9 次方（十亿）。例如：one hundred million、two hundred million、three hundred million、one hundred million and one、one hundred twenty-three million four hundred fifty-six thousand seven hundred and eighty-nine 等。

在汉语中，百、千、万和亿是常用的数字位数单位，用于表示不同数量级的数字。这种系统简明易懂，方便计数和表达大数字。而在英语中，相应的数字位数单位使用“hundred”“thousand”“million”和“billion”，用法也类似，但是需要进行一些换算。

五　练习题（Liànxítí）Exercises

1. 在水电站项目中，需要对受影响地区的 ________ 进行详细的考察。
2. 为了减轻水电站建设对当地居民的影响，政府必须制定合理的 ________。
3. 在制定搬迁计划时，________ 是一个需要重点考虑的问题。
4. 由于家园被淹，许多居民面临着 ________ 的心理压力。
5. 政府提供的搬迁补偿包括经济补偿和 ________ 选择。
6. 对于选择 ________ 的居民，将提供额外的支持和帮助。
7. 为帮助居民适应新环境，政府实施了一系列的 ________ 项目。
8. 水电站建设期间，需要密切关注对 ________ 的潜在影响。

六　中国国情与文化（Zhōngguó Guóqíng yǔ Wénhuà）Chinese National Conditions and Culture

岭南龙母的传说

龙，传说中的龙，最初源于中原地区（黄河流域）。后来这种产自中原的“龙”的形象逐渐传播到中国各地，所以就有了今天全国各地龙的形象大体一致的结果。有人考证，古代南方地区所说的龙实际上就是鳄鱼一类的生物。所以平时经常要涉水的越人就在身上纹出它们的图像，就如它们的儿子一样，以此来获取它们的好感、谋求不受它们的伤害。所谓“龙母”，就是指养育龙的母亲。龙母生性聪明，心灵手巧；精通医术，救死扶伤。她率众战天斗地，开荒垦岭，辛勤耕作，治理西江，克服了不少自然灾害的侵扰，让百姓得以安居、生息。备受人们的爱戴和尊敬，也成为了部落的首领。在中国岭南地区有这样一个关于龙母的古老传说。

图 4　广西壮族自治区梧州龙母像

传说在先秦之时，岭南程溪诞生了一位温姓奇女子，她聪颖智慧、美丽善良、乐于助人，是时人口中传颂的好姑娘。一天，温氏到程溪水口的西江边洗衣服，偶然拾到一枚巨卵，温氏对这枚巨卵产生了好奇之心，于是带回家中安置。巨卵孵化了四十九天，竟然孵出了五条小龙。温氏惊讶之余，又知道龙天生就喜欢水，于是便将五龙子放入程溪中豢养，驯养如亲，于是温氏便被时人尊称为“龙母”。后来五龙长大，经常出入西江，一游千里，龙母经常教育五龙要适时施雨、为民播福，还带领五龙帮助程溪乡民疏浚河道、修堤筑坝，抵御西江洪水，开辟一方乐土。及至秦征南越，秦始皇得知岭南程溪有龙母养育龙子的奇事，以为是自己德政所致，遂遣使南下，礼聘龙母进京。秦使至程溪，向龙母宣读秦始皇圣旨，龙母虽然不愿离开程溪乡民及五龙子，但是考虑到王命难违，便毅然随使登船而去，乡民无不悲恸。当使船行驶到现在的广西壮族自治区境内时，已距离程溪数千里了。当使船夜泊之时，却被五龙子作法引返程溪，一连四五次，秦使认为这是天命，便不再强求，龙母得以如愿回归程溪，与乡民、龙子同庆团聚之乐。秦始皇三十六年，龙母仙逝程溪，乡民先将龙母葬于龙母生前经常放牛、驯鹿的地方，五龙子却认为这个地方濒临潮汐、容易被洪水淹没，于是作法迁葬龙母于程溪水口的青旗山上，并派黄猿、白鹿、螣蛇等神兽为龙母守墓。龙母仙逝后，乡民就将其生前故居改作祠庙，奉祀龙母神灵，因庙处程溪水口，因而得名程溪祖庙。这便是程溪祖庙及程溪龙母的故事。

民间对龙母的信仰风俗起源于秦汉年间，一直长盛不衰，到现在已经有两千多年的历史了。每年农历五月初八和八月十二，西江流域的善男信女都会到程溪祖庙庆贺龙母诞生。庆祝的方式多种多样，有行香、舞狮、舞龙、唱歌、演戏等。龙母信仰起源地为都杨镇降水村，而在龙母身后两千多年间，龙母信仰早已分布神州大地，在远离降水的他乡落地生根。龙母信仰是水神信仰，因而该信仰分布的地区大多为水乡，如西江流域的南宁、梧州、肇庆、佛山、中山、广州、香港等城市，大多建有龙母庙，流

图 5　广西壮族自治区梧州龙母庙

传着龙母在当地显灵的传说，而这些传说又大都与水有关，这正是龙母水神信仰的具体体现。在云浮市，有龙母信仰的密集分布，如铁场龙母庙、云雾山龙母庙、马王塘龙母庙、春岗山龙母庙、桐岗龙母庙、稔村龙母庙、湾中龙母庙、北区龙母庙、沙朗龙母凤庙……现在龙母信俗已经成了云浮地区的文化的重要组成部分。人们来到龙母庙祈福许愿，或为化解灾难，祈求平安。龙母所体现的正义助人、保安避灾的精神力量庇护，也是在日常生活遇到困境时的精神寄托。

思考题

1. 在人们的心目中，龙母是一个怎样的女子？
2. 在岭南地区，到底有多少个龙母庙呢？

七 高频汉字（Gāopín Hànzì）High-frequency Chinese Characters

（一）本课高频汉字

业　不　为　发　会　工　经　上　地　市　要　个

（二）读音、词性、经常搭配的词和短语

业	yè	名词	产业，业务，行业
不	bù	副词	不要，不是，不会
为	wèi	动词 / 介词	为了，为什么，为何
发	fā	动词	发现，发展，发送
会	huì	动词 / 名词	会唱歌，会说汉语；开会，交流会，展览会
工	gōng	名词	做工，工程，工人
经	jīng	名词	念经，生意经

上	shàng	名词 / 动词	树上，天上，房子上；上山，上课，上去
地	dì	名词	地方，地图，地铁
市	shì	名词	市中心，市民，集市
要	yào	动词	要不要，要发展，要改革
个	gè	量词	一个，这个，那个

（三）书写笔顺

市	丶	亠	亣	市	市				
要	一	丁	币	襾	覀	覀	要	要	要
个	丿	人	个						

第 3 课
水利工程建设程序

 对话（Duìhuà）Dialogue

A：水利工程，是不是与水有关的工程都是水利工程？

B：差不多吧。水利工程是土木工程的一个分支，该工程领域与桥梁、水坝、河道以及堤防等工程的设计与施工有着密切的关联。

A：水利水电工程又是水利工程的一个分支，对吗？

B：没错。水利工程包括很多方面，比如防洪工程、水力发电工程、给排水工程、航道及港口工程等。开挖河道、堤岸加固、修建大坝、建设港口，以及疏浚河道等都是水利工程。

A：水利工程有什么特点呢？

B：水利工程一般具有很强的系统性和综合性、对环境有很大影响、施工条件复杂，而且规模大、工期长、投资多。

A：听您说的都是问题和困难啊！

B：我还没有说完呢！水利工程，特别是大型水利工程都是“功在当代，利在千秋”。你能明白这个说法吗？

A：不太清楚。

B：“功在当代，利在千秋”的意思是说做一件事情其功劳建立于当代，而其所产生的利益将惠及千秋万代。

A：给我举个例子吧！

B：美国的胡佛水坝（Hoover Dam）是一座拱门式重力人造混凝土水坝。1936 年 3 月建成，1936 年 10 月第一台机组正式发电，日夜不停地发电都发了 80 多年了。这项工程同时还具有防洪、灌溉、航运、供水、旅游等综合功能。这是当时世界上最大的大坝，如今，世界上最大的大坝已经是中国三峡大坝了。

二 课文（Kèwén）Text

水利工程建设程序

水利工程是重要的基础设施建设项目之一，包括防洪工程、农田水利工程、水力发电工程、给排水工程、航道及港口工程和环境水利工程等。下面将介绍这些工程项目的性质、特点和工作条件等。

首先是工程程序。一个水利工程的建设程序一般包括以下几个阶段：项目建议书、可行性研究报告、初步设计、施工准备、建设实施、生产准备、竣工验收和后评价等。每个阶段都有其特定的任务和工作要求，必须严格按照规定的程序进行。

接下来是工程分类。水利工程可以根据其性质和用途进行分类。防洪工程用于防止洪水灾害，农田水利工程用于灌溉和排水，水力发电工程用于发电，给排水工程用于城市供水和污水处理，航道及港口工程用于航运和港口建设，环境水利工程用于环境保护。

然后是工作条件。水利工程的建设条件和施工条件十分复杂，需要充分考虑当地的自然和人文环境。例如，山区的工程建设需要考虑地形和地貌的限制，而海岸线的工程建设则需要考虑海洋气候和海洋环境的影响。由于水利工程建设一般在较为恶劣的自然环境下进行的，因此施工条件非常苛刻，必须严格遵守安全规定和施工要求。特别是对于一些高难度的工程项目，如大坝、闸门、拦河堰等，需要采取一些特殊的施工措施和技术手段，以确保施工安全和质量。

再一个是工程特点。水利工程的特点主要包括以下几个方面：首先，这些工程都是大型的、复杂的、长期的基础设施建设项目；其次，这些工程都需要高度的技术水平和经验，包括工程设计、施工管理、质量控制和安全保障等方面；最后，这些工程建设的成功还需要各个部门之间的协作和配合。由于水利工程一般具有很强的复杂性和技术难度，因此在设计过程中需要综合考虑多种因素，包括水文地质条件、自然环境、工程建设成本等。在设计中需要充分考虑未来的变化和发展，尽可能地预测和规避潜在的风险和问题。

最后是水利工程对生态环境的影响。虽然水利工程建设对于社会和经济发展具有重要的促进作用，但是也会带来一定的环境影响和生态破坏。例如，大型水库建设会对周围的生态环境、土地利用和人口迁移等带来深远的影响，需要尽可能地减轻这些影响，促进工程和环境的协调发展。

生词与短语（Shēngcí yǔ Duǎnyǔ）New Words and Expressions

工程	gōngchéng	*n.* engineering；project
水利工程	shuǐlì gōngchéng	*NP.* water conservancy engineering
程序	chéngxù	*n.* procedure；process
建设程序	jiànshè chéngxù	*NP.* construction procedure
项目建议书	xiàngmù jiànyìshū	*NP.* project proposal
可行性研究报告	kěxíngxìng yánjiù bàogào	*NP.* feasibility study report
初步设计	chūbù shèjì	*NP.* preliminary design
施工准备	shīgōng zhǔnbèi	*NP.* construction preparation
建设实施	jiànshè shíshī	*NP.* the implementation of construction
生产准备	shēngchǎn zhǔnbèi	*NP.* construction preparation
竣工验收	jùngōng yànshōu	*NP.* completion acceptance
后评价	hòupíngjià	*n.* post-evaluation
工作条件	gōngzuò tiáojiàn	*NP.* working condition
施工条件	shīgōng tiáojiàn	*NP.* construction condition
复杂	fùzá	*n.* complex
分类	fēn lèi	*v.* classify；categorize；catalogue
防洪工程	fánghóng gōngchéng	*NP.* flood control engineering
农田水利工程	nóngtián shuǐlì gōngchéng	*NP.* farmland water conservancy engineering

水力发电工程	shuǐlì fādiàn gōngchéng	*NP.* hydroelectric power generation engineering
给排水工程	jǐpáishuǐ gōngchéng	*NP.* water supply and drainage engineering

四 注释（Zhùshì）Notes

（一）大型工程与超级工程

大型工程是指规模庞大、复杂度高、投资巨大、涉及大面积土地和大量资源的工程项目。超级工程是指规模更大、技术更先进、影响更广泛的工程项目。这些项目常常被誉为工程领域的奇迹，代表着人类在科技和工程领域的最高水平。

中国的大型工程和超级工程有三峡工程、长江南水北调工程、北京大兴国际机场、青藏铁路、港珠澳大桥等。拿大兴国际机场来说，其规划和建设刷新了许多航空运输记录，是中国民航史上的一项重要里程碑。从2014 年 12 月到 2019 年 9 月，历时 5 年，投资 800 亿元人民币。在项目建设工作量高峰时期，上千家施工单位参与施工，高峰期 7 万人同时作业，仅主航站楼一天就有 8000 多名工人同时施工。目前，大兴国际机场是世界上最大的空港。

说起超级工程一定会提到连接英国和欧洲大陆的英吉利海峡海底隧道。这是世界上最长的海底铁路隧道之一。从 1986 年 2 月法国、英国签订条约到 1994 年 5 月 7 日正式通车，历时 8 年多，耗资约 100 亿英镑。该隧道全长约 50.45 千米，其中海底隧道部分约 37.9 千米，是英法之间的交通要道，为欧洲大陆与英国之间提供了重要的陆路通道。这一便捷的交通通道不仅加强了英国与欧洲大陆的联系，还促进了欧洲之间的经济、文化和人员交流。英吉利海峡海底铁路隧道是现代工程技术和合作的杰作。

（二）汉语中时间的表达

汉语是一门非常古老且富有特色的语言，其中的时间表达法也有其独特之处。在汉语中，时间的表达通常使用数字和一些特定的词语来表示。

1. 整点的表达

汉语中“八点”表示 8:00，简单明了。英语中也可以用“o’clock”表示整点，例如“eight o’clock”。

2. 分钟的表达

汉语使用“分”或“分钟”来表示分钟，例如“十五分”表示 15 分钟，“三十分钟”表示 30 分钟。英语中使用“minutes”来表示分钟，例如“fifteen minutes”表示 15 分钟，“thirty minutes”表示 30 分钟。

3. 刻钟的表达

汉语使用“刻”或“一刻钟”来表示 15 分钟，例如“十二点一刻”表示 12:15。英语中使用“quarter”或“a quarter past”来表示 15 分钟，例如“a quarter past twelve”表示 12：15。

4. 半小时的表达

汉语使用“半”来表示 30 分钟，例如“两个半小时”表示 2.5 小时。英语中可以用“half”来表示半小时，例如“two and a half hours”表示 2.5 小时。

5. 其他

汉语使用“差”或“过”来表示分钟数大于 30，例如“差五分八点半”表示 8:25，“过二十分十点四十”表示 10:40。英语中可以用“to”来表示分钟数大于 30，例如“twenty-five to eight”表示 7:35，“twenty to eleven”表示 10:40。

需要注意的是，汉语中的时间表达法较为灵活，常常结合使用，例如“九点十五分”“十二点二十五分”等。此外，汉语中还有一些特殊的表达方式，例如“中午”表示12:00，而“午夜”表示24:00（也可称为“零点”）。

五 练习题（Liànxítí）Exercises

1. 在开始任何 ________ 之前，首先需要完成一个详细的项目建议书。
2. 为了评价项目的可行性，工程团队将编制一份 ________。
3. 工程的 ________ 包括了从项目初步设计到施工准备的所有步骤。
4. ________ 阶段是确保设计理念能够在现实中顺利实施的关键环节。
5. 水利工程的建设实施通常需要考虑到各种复杂的 ________。
6. 在水力发电工程完成后，必须进行严格的 ________ 以确保安全和功能。
7. 对于任何大型的水利工程，________ 是评价项目成效的重要部分。
8. ________ 是水利水电工程中一项重要的基础工作。

六 中国国情与文化（Zhōngguó Guóqíng yǔ Wénhuà）Chinese National Conditions and Culture

西门豹治邺[1]

在战国时期，魏国国君为了改善国内的治理，决定派遣能干的官员西门豹去管理漳河边上的邺（yè）县。西门豹自信满满地来到了邺县，但是却发现情况远不如他预期的那样。田地荒芜，人烟稀少，整个县城显得异常萧条。

为了探究原因，西门豹找来了当地的一位老大爷询问。老大爷满是无奈地告诉他，这一切都是因为每年都要给河神娶媳妇而导致的。这个所谓

[1] 原文出自《史记·滑稽列传》中褚少孙增补部分。

的河神娶媳妇的习俗，据说是漳河中的河神每年都需要娶一个年轻美丽的姑娘为妻。如果不献祭姑娘，就会惹得河神愤怒，引发大水泛滥，毁坏庄稼。

西门豹听后，立刻意识到这是一场骗局。他问道："这话是谁传出的？"老大爷告诉他，这是由当地的巫婆传播的，每年由地方上的官绅出面举办仪式，逼迫老百姓出钱。他们利用老百姓的无知和恐惧，每次都能收取大量金钱，而真正用于仪式的只是其中的一小部分。

西门豹听罢，心中愤怒难平。他决定要亲自揭穿这个迷信的阴谋，结束这场荒谬的祭祀活动。在河神娶媳妇的日子，西门豹带着卫士来到了漳河边。河边聚满了老百姓，他们或是好奇，或是恐惧地等待着仪式的举行。巫婆和官绅见到西门豹到来，急忙迎接。

西门豹命令将新娘带来，当看到一个被打扮起来的姑娘满脸泪水被带上来时，他故作不满，称河神不会满意这样的新娘，要求换一个更加漂亮的。说完，他下令将巫婆投入河中。随着巫婆在河中挣扎几下后沉入水底，西门豹接着又让卫士将负责的官绅头目投入河中。

官绅们惊恐万分，一个个跪地求饶。西门豹面无表情地看着他们，最后告诉他们可以回去了，暗示河神已经接受了巫婆和官绅作为祭品。老百姓见状，终于明白了这一切都是骗局。从此，没人再提起给河神娶媳妇的事，漳河也再未泛滥成灾。

西门豹随后开始着手改善县城的农业问题。他动员和组织百姓开凿了十二条渠道，把漳河水引来灌溉农田，田地都得到灌溉。在那时，老百姓开渠稍微感到有些厌烦劳累，就不太愿意。西门豹说道："老百姓可以和他们共同为成功而快乐，不可以和他们一起考虑事情的开始。现在父老子弟虽然认为因我而受害受苦，但可以预期百年以后父老子孙会想起我今天说过的话。"

这些渠道的建设大大改善了灌溉条件，解决了农田干旱问题。随着农业的发展，邺县的面貌逐渐焕然一新，庄稼丰收，百姓生活富裕起来。西门豹以他的智慧和行动，不仅破除了民间的迷信，还带领百姓脱贫致富，成为了一位受到百姓爱戴和历史赞誉的好官。

这个故事流传至今，不仅展示了西门豹作为一位智慧与勇气兼备的官员的形象，还映射了古代中国社会对于科学思维和反对迷信的渴望。同时，它也是对权力滥用和欺压百姓的有力批判，提醒人们要警惕那些利用民众无知和恐惧来牟取私利的不法行为。

思考题

1. 西门豹刚到邺县时，邺县状况怎么样？
2. 西门豹是如何为老百姓除害的？
3. 西门豹是一个怎样的人？

七 高频汉字（Gāopín Hànzì）High-frequency Chinese Characters

（一）本课高频汉字

产　这　出　行　作　生　家　以　成　到　日　民

（二）读音、词性、经常搭配的词和短语

（生）产	chǎn	名词 / 动词	产业，产生，产量
这	zhè	代词	这个，这样，这里
出	chū	动词	出去，出现，出来
行	háng/xíng	名词 / 动词	行业，三百六十行；行走，进行，行动
作	zuò	动词	作用，作文，作为
生（产）	shēng	名词 / 动词	生活，生日，生产
家	jiā	名词	家里，家人，家乡
以	yǐ	介词	以为，以后，以及
成	chéng	动词	成功，完成，形成

到	dào	动词	到达，走到，听到
日	rì	名词	日子，日常，生日
民	mín	名词	人民，民众，民族

（三）书写笔顺

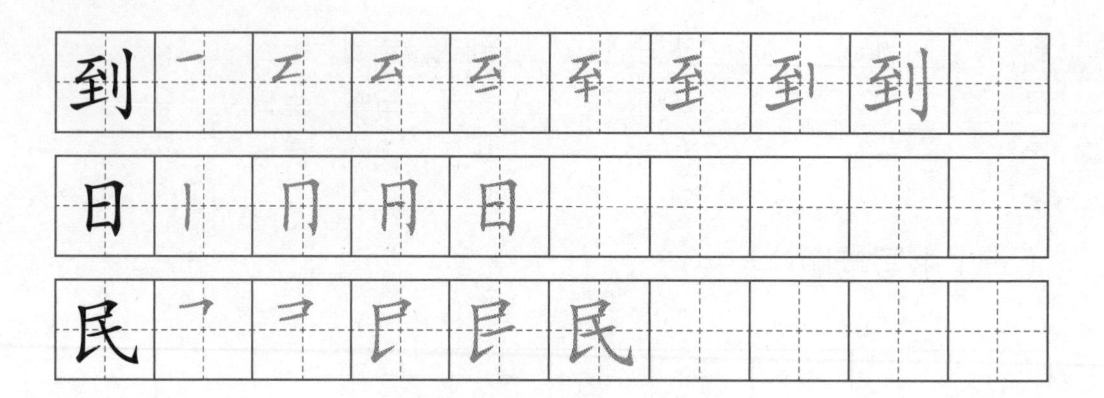
到
日
民

第 4 课
水利水电工程项目划分

一 对话（Duìhuà）Dialogue

（一）

A：你对水利水电工程项目划分有哪些了解？

B：水利水电工程项目划分主要包括单位工程、分部工程和单元工程。

A：水利水电工程，特别是水利水电枢纽，往往是一个庞大、复杂的系统。

B：没错！一个水利水电枢纽一般包括拦河坝、泄洪设施、引水设施、发电厂房、升压变电设备、水闸等设施。

A：那么拦河坝工程属于哪种工程划分？

B：拦河坝工程属于单位工程。

图 6　拦河坝

A：除了拦河坝工程，还有哪些水利工程？

B：水利枢纽、泄洪工程、引水工程、过鱼工程、水闸工程、航运工程等都是水利工程。这样的工程有的需要几年，有的会超过十年才能完成。

A：那怎样安排这么大的工程呢？

B：像这样的工程在设计的时候都会进行工程建设项目划分，一般是从大到小分为单位工程、分部工程、单元工程三级。

A：进行工程建设项目划分的目的是什么？

B：进行工程建设项目划分的目的是为了方便施工管理和质量评定。

A：能具体说明一下吗？

B：可以。比如现在有一个大的拦河坝工程项目，需要建一个混凝土面板堆石坝，这个石坝就是一个单位工程；建设这个石坝需要坝基开挖与处理、趾板及周边缝止水、堆石体、坝顶、下游坝面护坡等工作，这些是不同的分部工程；在下游坝面护坡这个分部工程中又会有马道、梯步、排水沟不同的单元工程。

A：明白了。谢谢！

（二）

A：什么是水利工程？

B：水利工程是指利用水资源，通过设计、建设和管理，实现灌溉、排水、发电、防洪等多种目标的工程项目。

A：工程项目划分中有哪些不同的层次？

B：工程项目划分有三个不同的层次，分别是单位工程、分部工程和单元工程。

A：单位工程、分部工程和单元工程之间有什么区别？

B：单位工程是工程项目划分的最大单位，分部工程是在单位工程基础上进一步划分的，而单元工程是对分部工程的细分。

A：什么是水利枢纽？

B：水利枢纽是由多个水利工程组合而成的复合型水利设施，通常包括拦河坝工程、泄洪工程、引水工程等。

A：发电工程和发电厂房有何不同？
B：发电工程是指涉及发电过程的全部工程，而发电厂房是发电工程中用于容纳机电设备的建筑物。
A：什么是升压变电工程？
B：升压变电工程是将发电厂产生的电能经过变压器升压，以便通过输电线路远距离传输电能的工程。
A：过鱼工程和水闸工程有何区别？
B：过鱼工程是为了帮助鱼类迁徙而设置的通道，而水闸工程是控制水流，实现灌溉、防洪等目标的工程。
A：什么是航运工程？
B：航运工程是为了保障船舶通行而建设的水利工程。
A：水电站包括哪些主要设施？
B：水电站主要包括拦河坝工程、发电工程、升压变电工程和管理设施等。

二　课文（Kèwén）Text

水利水电工程建项目划分

工程是人类文明发展的重要组成部分，而水利工程则是其中不可或缺的一环。水利工程以利用和控制水资源为主要目的，包括了拦河坝工程、水利枢纽、泄洪工程、引水工程、过鱼工程、航运工程等多个项目。同时，还涉及发电工程、交通工程、管理设施等领域，可谓涉及范围广泛。工程项目的划分，是为了更好地管理和组织工程建设，将整个工程划分为不同的单位工程、分部工程和单元工程。单元工程则是单位工程和分部工程的基本组成单元，其中涉及各种不同类型的工程项目。

拦河坝工程作为水利枢纽中的重要组成部分之一，是通过拦截河流的水流，使其形成一定的水位高度，以实现防洪、发电、灌溉等多种功能的水利工程。常见的拦河坝工程有混凝土面板堆石坝、重力坝等。在拦河坝工程的施工中，坝基开挖与处理、趾板及周边缝止水、坝基及坝肩防渗、混凝土面板及接缝止水、垫层与过渡层、堆石体、上游铺盖和盖重、下游坝面护坡、坝顶、护岸及其他等都是关键的分部工程和单位工程，需要施工人员进行精确的技术准备和施工组织设计。

泄洪工程是另一个重要的单元工程，主要目的是在洪水期间快速、有效地排放水流，以保护工程设施和人民的生命财产安全。泄洪工程的分部工程和单位工程包括泄洪洞、溢洪道、泄洪闸等。在泄洪工程的施工过程中，需要严格地按照总平面图进行施工，并进行工程测量和监理工程师的检查。

引水工程则是将水源引导到需要用水的地方的工程，包括渠道、隧洞等。在施工中，需要准备充足的施工用水和生活用水，并进行材料堆放和二次搬运等前期准备工作。在设备摆放用地上，需要摆放适当的机械设备和机电设备，进行钻孔、装药、起爆等施工工序。同时，临建设施如宿舍、食堂、小卖部等也需要提前安排好。

图 7　中国三峡船闸

水闸工程则是为了调节河流水位、改善航运条件等目的而建造的一类工程。过鱼工程则是为了保护和增加河流中的鱼类资源而建造的工程。航运工程则是为了提高水路运输效率而建造的工程，包括了船闸、船坞等设施。交通工程则是以改善陆路交通为目的的。

另外，在水利枢纽建设中，还需要考虑水闸工程、过鱼工程、航运工程和交通工程等。过鱼工程则是为了保护水生生物，使其能够在水利工程建设后仍能够顺利地迁移，避免对生态环境的破坏。因此，在水利枢纽建设中，需要对水闸工程和过鱼工程进行精细化设计和施工，确保其符合环保要求。航运工程主要指建设航道、码头等设施，以便船只可以顺利地通过；交通工程则主要指建设公路、铁路等交通设施，以便人员和物资的运输。这些交通设施的建设将进一步促进水利工程的发展，提高其运行效率。

最后，管理设施也是水利工程建设不可或缺的一部分。管理设施包括办公楼、宿舍、食堂、医疗设施等，用于给工程人员提供生活和工作的便利条件。管理设施的建设和管理将对工程人员的工作效率和生活质量产生重要的影响，因此也需要引起足够的重视。水利工程建设是一项复杂而又重要的工作，需要进行详细的规划和细致的施工，同时还需要考虑环保、运输等多个方面的因素。只有在充分考虑这些因素的情况下，才能建设出更加安全、高效、环保的水利工程。

生词与短语（Shēngcí yǔ Duǎnyǔ）
New Words and Expressions

工程项目划分　gōngchéng xiàngmù huàfēn　*NP.* engineering project division

单位工程　dānwèi gōngchéng　*NP.* unit engineering

分部工程　fēnbù gōngchéng　*NP.* branch engineering

单元工程　dānyuán gōngchéng　*NP.* smaller unit engineering

拦河坝工程　lánhébà gōngchéng　*NP.* barrage engineering

水利枢纽	shuǐlì shūniǔ	*NP.* water conservancy project
泄洪工程	xièhóng gōngchéng	*NP.* flood discharge project
引水工程	yǐnshuǐ gōngchéng	*NP.* water diversion project
发电工程	fādiàn gōngchéng	*NP.* power generation project
发电厂房	fādiàn chǎngfáng	*NP.* power plants
机电设备	jīdiàn shèbèi	*NP.* electromechanical equipment
升压变电工程	shēngyā biàndiàn gōngchéng	*NP.* step-up substation project
水闸工程	shuǐzhá gōngchéng	*NP.* sluice works
过鱼工程	guò yú gōngchéng	*NP.* fish crossing works
航运工程	hángyùn gōngchéng	*NP.* shipping works
交通工程	jiāotōng gōngchéng	*NP.* traffic works
管理设施	guǎnlǐ shèshī	*NP.* management facilities
坝基及坝肩防渗	bàjī jí bàjiān fángshèn	*NP.* dam foundation and dam abutment anti-seepage
垫层	diàncéng	*NP.* cushion layer
堆石体	duīshítǐ	*NP.* rock pile
上游铺盖	shàngyóu pūgài	*NP.* upstream bedding
下游坝面护坡	xiàyóu bàmiàn hùpō	*NP.* downstream dam face slope protection
护岸及其他	hù'àn jí qítā	*NP.* revetments and others
观测设施	guāncè shèshī	*NP.* observation facilities

四 注释（Zhùshì）Notes

（一）天府之国

“天府之国”一开始指的是关中地区（今天的西安周边）。《战国策·卷三》，苏秦称秦惠文王统治的地方为“天府”。这里的“天府”，主要是指关中地区。历史上称四川为“天府”则出自诸葛亮的《隆中对》：“益州险塞，沃野千里，天府之土，高祖因之，以成帝业”。今天谈到天府之国，一般指四川省，特别是成都平原，包含成都、德阳、绵阳、雅安、眉山、乐山等地。

四川省素来被称为“天府之国”，既有山川俊美的自然风貌，又有秀冠华夏的历史人文。自古文人多入川，元稹、岑参、黄庭坚、陆游来过这里，司马相如、王褒、扬雄、陈子昂、李白、苏东坡三父子、吴玉章、李劼人、张大千、郭沫若、巴金等都出生在这里，他们是天府之国奉献给中华的杰出人物。

天府美食享誉中外。名小吃从各色小面到抄手、包饺，从醃滷佳餚到凉拌冷食，从锅煎蜜饯到糕点汤圆，品种繁多。川菜是中国八大菜系之一。川菜以家常菜为主，高端菜为辅，取材多为日常百味，也不乏山珍海鲜。其特点为：“善用三椒”、“一菜一格，百菜百味”；口味多变，包含鱼香、家常、麻辣、红油、蒜泥、陈皮、芥末、纯甜、怪味等 24 种口味。代表菜品有鱼香肉丝、宫保鸡丁、水煮肉片、夫妻肺片、麻婆豆腐、回锅肉、泡椒凤爪、灯影牛肉、口水鸡、香辣虾、麻辣鸡块、重庆火锅、鸡豆花、板栗烧鸡、辣子鸡等。

（二）“很”加形容词

在汉语中，当形容词作谓语的时候，一般要在前面加一个“很”，不加要么感觉怪怪的，要么是表示比较。请看对话：

A：哥哥和弟弟谁高？

B：弟弟高。

初次见面的时候会说“很高兴认识你”，但“高兴认识你”听起来就很不妥。还有常见的对话：

A：你好吗？

B：我很好。/ 我还好。

如果只回答“我好”，就会很奇怪。这是为什么呢？

有人认为，比如张伯江（2011）就写文章认为“很”和汉语的系动词

“是”一样，起到连接主语和形容词的作用。这里可以做一个类比，“小明是班长”和“小明很高”的结构是平行的。“姚明高”给人的感觉也是不符合汉语的表达习惯，需要加上“很、非常、特别”等副词，变成“姚明很 / 非常 / 特别 / 高”，这样才能使句子变得更准确。单个的形容词含有对比、比较的意思，对比着说或者连着说是符合汉语的表达习惯的。比如：

A：人小，心不小。

B：两个孩子，一个聪明，一个愚笨；一个内向，一个外向。

我们把汉语和英语对比起来，观察的更多的例子：

他很高。（He is tall.）

她很富有。（She is rich.）

他们很开心。（They are happy.）

这食物很美味。（The food is delicious.）

这电影很有趣。（The movie was interesting.）

在翻译转换的时候要注意。比如在上面例子中的“He is tall.”和“She is rich.”这两个句子中，形容词“tall”和“rich”本身已经表达了被描述对象的特征，没有额外的程度修饰。而在汉语中，形容词一般需要用“很”来强调程度，让句子更加完整。因此，翻译成“他很高”和“她很富有”就是汉语表达习惯的体现。

五 练习题（Liànxítí）Exercises

1. ________ 是一个大型项目，它包括多个子项目和部分，每个部分都需单独考虑和规划。
2. 在水利工程项目中，________ 是指具有独立功能的主体工程部分。
3. ________ 通常包含水库大坝、泄洪道等多个关键部分。
4. ________ 是特别设计来保护河流生态，确保鱼类能够自由迁徙。
5. 大型水利工程，如水库和电站，通常包括重要的 ________。
6. 为了确保电力顺利传输，必须建设 ________。

7. ________ 包括所有必要的道路和桥梁，以确保工程区域的通行。
8. 在水电站大坝建设中，对 ________ 的规划和建设尤为重要。

六 中国国情与文化（Zhōngguó Guóqíng yǔ Wénhuà）Chinese National Conditions and Culture

习近平的治水思路

习近平治水思路“节水优先，空间均衡，系统治理，两手发力”是对当前全球水资源紧张和水环境问题的深刻回应。这一思路不仅适用于中国的水资源管理，也为全球水资源的可持续利用提供了宝贵的指导。

（一）治水思路的主要内容

（1）节水优先。这一原则强调在水资源管理和利用中应优先考虑节约用水。它要求通过提高水利用效率、推广节水技术和实施严格的水资源管理制度来降低水的消耗。这包括但不限于改进农业灌溉、工业用水和城市用水系统，以及提高公众节水意识。

（2）空间均衡。这一原则指出水资源的配置和利用应在地理空间上实现均衡，避免出现资源过度集中或过度稀缺的区域。这意味着要在国家层面上进行水资源的合理分配，确保各个区域水资源的可持续利用。

（3）系统治理。系统治理强调从水源保护、水污染防治、水环境修复等多个方面入手，实现水资源管理的系统化、科学化。2016 年 2 月，习近平在讲话中提出了“山水林田湖草生态系统”治理的概念，强调要综合考虑和协调处理这些自然要素之间的关系，推进生态文明建设。这要求综合考虑水资源的各个方面，包括水质、水量、水生态等，以达到全面治理的目的。

（4）两手发力。这个原则强调在水资源管理中要同时运用法律、政策、技术和管理等手段，既要加强水资源的保护和治理，又要推动水利科技创新和管理能力的提升。

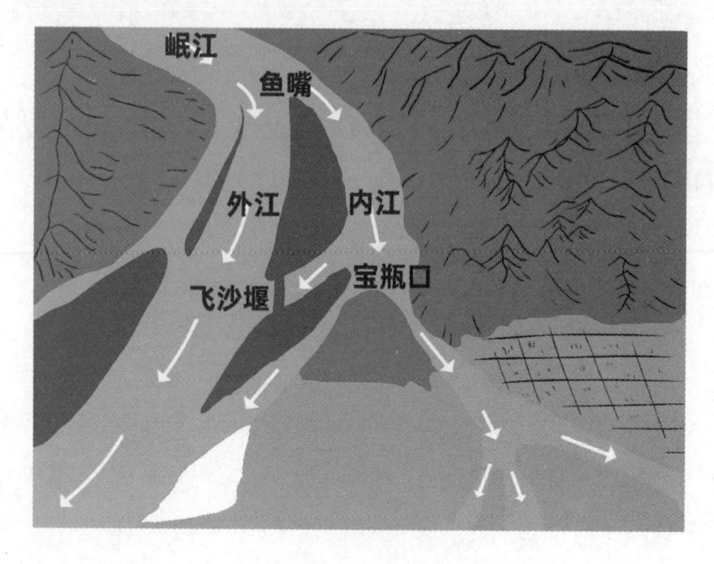

图 8　都江堰

（二）治水思路的意义与价值

“节水优先，空间均衡，系统治理，两手发力”的治水思路具有深远的意义和价值：

（1）可持续发展。这一思路直接响应了可持续发展的全球议程。通过有效的水资源管理，能够保证自然资源的合理利用，为子孙后代留下宝贵的水资源。

（2）促进生态平衡。系统治理水资源有助于维护生态系统的稳定性和多样性，保护水生生物的栖息地，对维持生物多样性和生态平衡具有重要作用。

（3）提升公众意识。推广节水优先的原则有助于提高公众对水资源价值的认识，促进节水型社会的形成。

（4）有利于保障水资源安全。“两手发力”确保了从政策到技术再到管理的全方位覆盖，有利于保障国家水资源安全，减少因水引发的安全问题。

（5）应对气候变化挑战。有效的水资源管理是应对气候变化、特别是极端天气事件（如干旱、洪涝）的关键策略。

（6）国际合作和经验分享。中国在水资源管理方面的实践和经验，尤其是习近平提出的治水思路，对全球水资源的可持续管理提供了重要参考，促进了国际合作和知识共享。

"节水优先，空间均衡，系统治理，两手发力"的治水思路不仅为中国水资源管理提供了指导，也为全球水资源治理提供了参考，是实现可持续发展目标的重要组成部分。通过这种全面而系统的治水方式，可以有效提高水资源利用效率，保护水生态环境，促进经济社会的协调发展，同时为全球应对水资源挑战提供中国方案。

七　高频汉字（Gāopín Hànzì）High-frequency Chinese Characters

（一）本课高频汉字

来　我　部　对　进　多　全　建　他　公　开　们

（二）读音、词性、经常搭配的词和短语

来	lái	动词	来到，过来，来自
我	wǒ	代词	我们，我要，我看
部	bù	名词	部分，部门，教育部
对	duì	介词	对于，对着镜子，对话
进	jìn	动词	进去，进来，进步
多	duō	形容词	多少，多谢，雨水很多
全	quán	形容词	全部，全国，完全
建	jiàn	动词	建设，建议，建立
他	tā	代词	他们，他是，告诉他
公	gōng	形容词 / 名词	公平，公共，公路；一心为公

开	kāi	动词	开始，开车，开放
们	men	代词后缀	我们，你们，他们

（三）书写笔顺

来

我

部

部

对

进

多

全

建

他

公	丿	八	公	公					
开	一	二	丰	开					
们	丿	亻	亻	仃	们				

第5课 水利水电工程建设施工组织设计

 对话（Duìhuà）Dialogue

A：水利水电工程的施工需要进行哪些准备工作呢？

B：施工组织设计、施工方案、总体布置等是必要的准备工作。

A：在施工中需要注意哪些管理方面的问题呢？

B：质量管理、安全管理、环境保护都是必须要关注的管理方面。

A：进度计划中需要考虑哪些因素呢？

B：工期、开工日期、完工日期、水文、气象、劳动力、土石方、机械设备等都是需要考虑的因素。

A：在施工中需要使用哪些设备和仪器呢？

B：施工设备、试验仪器、检测仪器等都是需要使用的设备和仪器。

A：怎样掌握施工进度和工期呢？

B：可以通过制定进度计划、监督施工进度、及时调整施工计划等方法来掌握施工进度和工期。

A：怎样制定施工总平面图呢？

B：可以通过总体布置、单位工程、分部工程等细化步骤，根据工程需要确定施工总平面图。

A：怎样确定施工总工期呢？

B：需要根据进度计划、施工过程中出现的问题及时调整工期，最终确定施工总工期。

A：在施工过程中，如何确保质量呢？

B：可以通过建立质量管理体系、设置质量目标和标准、加强监督检查等方法来确保质量。

A：在施工过程中，如何确保安全呢？

B：可以制定安全规章制度、加强施工现场管理、提高员工安全意识等方法来确保安全。

A：在施工过程中，如何保护环境呢？

B：可以制定环境保护措施、加强环保设备的维护管理、加强监督检查等方法来确保环境保护。

 课文（Kèwén）Text

水利水电工程建设施工组织设计

在任何工程建设中，设计和施工方案是至关重要的。施工组织设计是确保工程按计划进行的关键。在施工方案中，必须考虑工程概况、施工总进度、工期和施工总体布置等因素。为确保质量，需要采取必要的技术措施，并实施严格的质量管理。安全管理也是至关重要的，必须采取必要的措施来保护工人和现场设备。同时，必须考虑环境保护和管理工程的相关问题。

在施工进度计划中，必须考虑资源配置、施工设备、试验仪器、检测仪器和劳动力投入计划等因素。同时，必须确定开工日期和完工日期，并确保工程进度按计划进行。为了确保施工顺利，必须制定施工总平面图，考虑临时用地等问题。

水文和气象是影响工程建设的两个主要因素，水文特征和气象特征的合理分析是工程建设的前提。在进行工程建设前，需要进行水文和气象特征的详细分析。水文特征包括地形地貌、降水量、径流量、河道水位、水流速度等，而气象特征包括气温、降水、风力、湿度等。水文和气象特征的分析对于工程量的确定非常重要。

在工程建设过程中，土石方和混凝土是主要材料，土石方开挖和混凝土浇筑是主要工程量。因此，需要充分考虑资金、机械、材料、劳动力等方面的投入。机械设备是重要的工程建设工具，如挖掘机、搅拌机、运输泵、电焊机、潜水泵、切割机、振动机等，它们的有效使用可以极大地提高施工效率。同时，材料的选择和运用也需要严格控制，如钢筋的质量必须符合标准，砂浆的制作需要严格按照比例配制，以保证施工的质量。

图 9　施工现场

施工总体布置是工程建设的重要组成部分，需要制定详细的施工方案和进度计划。同时，要合理安排资源配置，充分利用施工设备和劳动力，以最大限度地提高施工效率和质量。在施工过程中，需要对主体工程进行重点关注和监控，确保其施工质量和安全。

工程建设是一个复杂的过程，需要充分考虑水文和气象特征，确定工程量和主体工程，充分利用资金、机械、材料和劳动力等资源，合理安排进度和资源配置，加强质量和安全管理，并利用现代技术进行测量和监测，以确保工程进度和质量的达成。施工计划和进度计划也是非常重要的，它们可以帮助管理者有效地控制施工进度和资源的使用。

生词与短语（Shēngcí yǔ Duǎnyǔ）New Words and Expressions

组织设计	zǔzhī shèjì	*NP.* arrangement design
施工方案	shīgōng fāng'àn	*NP.* construction plan
工程概况	gōngchéng gàikuàng	*NP.* general situation of the project
施工总进度	shīgōng zǒngjìndù	*NP.* overall construction progress
工期	gōngqī	*NP.* construction period
施工总体布置	shīgōng zǒngtǐ bùzhì	*NP.* overall construction layout
技术措施	jìshù cuòshī	*NP.* technical measure
质量管理	zhìliàng guǎnlǐ	*NP.* quality management
安全管理	ānquán guǎnlǐ	*NP.* safety management
进度计划	jìndù jìhuà	*NP.* schedule planning
资源配置	zīyuán pèizhì	*NP.* resource allocation
劳动力投入计划	láodònglì tóurù jìhuà	*NP.* labor input plan
开工日期	kāigōng rìqī	*NP.* start date
完工日期	wángōng rìqī	*NP.* completion date
施工进度	shīgōng jìndù	*NP.* construction progress
施工总平面图	shīgōng zǒngpíngmiàntú	*NP.* general construction plan
临时用地	línshí yòngdì	*NP.* temporary land
气象特征	qìxiàng tèzhēng	*NP.* meteorological characteristics
土石方	tǔshífāng	*NP.* earthwork
主体工程	zhǔtǐ gōngchéng	*NP.* main works
材料	cáiliào	*n.* materials
机械设备	jīxiè shèbèi	*NP.* mechanical equipment
挖掘机	wājuéjī	*n.* excavator
水准仪	shuǐzhǔnyí	*n.* level

四 注释（Zhùshì）Notes

（一）挖掘机

挖掘机是一种重型工程机械，广泛应用于土方开挖、矿山开采、建筑施工等领域。它的历史可以追溯到19世纪，经过多次技术革新和发展，成为现代建筑工程不可或缺的设备之一。挖掘机几乎成了工程施工的标志了，连很多小孩子都喜欢挖掘机的模型玩具。20世纪初期，内燃机和液压技术的引入，使挖掘机的工作效率和性能得到了显著的提升。在第二次世界大战之后，挖掘机经历了快速的发展阶段，各种类型的挖掘机相继问世，如履带式挖掘机、轮式挖掘机、挖掘装载机等。随着计算机技术的普及和应用，现代挖掘机不仅实现了自动化控制，还具备了更高的智能化水平。

挖掘机的原理基于杠杆和液压系统。挖掘机通过液压系统驱动液压缸，实现对斗杆、斗臂和挖斗的伸缩和旋转。挖掘机的挖斗通过斗杆和斗臂的动作，能够在不同高度、不同方向上进行挖掘和抓取。液压系统的优势在于能够提供强大的动力，使挖掘机具备了较高的挖掘能力和灵活性。挖掘机的履带或轮子可使其在各种地形和工况下灵活地移动，履带式挖掘机适用于复杂的地形和软土地区，轮式挖掘机适用于硬地面和道路等情况。

挖掘机的功能作用主要体现在以下几个方面：土方开挖，挖掘机可用于开挖各种土壤和地表的松软土、硬土、泥浆等。矿山开采，挖掘机在矿山开采中扮演着重要的角色，可用于开采煤矿、金属矿石、石料等。矿山挖掘机通常具备更强大的挖掘能力和耐用性。水利工程，挖掘机可用于修建河道、护岸和水坝等水利设施，提高水资源的利用效率。

（二）汉语状语的位置

在汉语中，状语是用来修饰动词、形容词或整个句子的成分，起到进一步说明、补充或限制的作用。状语的位置在句子中比较灵活，但通常放在所修饰的词或成分的前面或句子的开头。

1. 在动词前

他每天早上都去跑步。He goes jogging every morning.

汉语中的时间状语“每天早上”放在动词“去”前面，表示这个动作每天早上都发生。英语中的时间状语放在动词后面。

她很高兴地接受了邀请。She accepted the invitation happily.

汉语中的方式状语“很高兴地”放在形容词“接受”前面，表示她以高兴的方式接受了邀请。英语中的方式状语放在动词后面。

2. 在形容词前

他非常努力地学习。He studies very hard.

这个地方非常美丽。This place is extremely beautiful.

他很认真地对待工作。He takes his work very seriously.

副词可以作为状语修饰形容词，也就是放在形容词前面，起到进一步限定和补充形容词的作用。这种用法在句子中常常用来描述程度、方式、状态等，使句子更加丰富和生动。与汉语一样，英语中的副词通常放在形容词后面，例如：“very hard”“extremely beautiful”和“very seriously”。

3. 在整个句子前

然后，他们一起去看电影。Then，they went to watch a movie together.

汉语中的时间状语“然后”放在整个句子前面，表示动作的顺序，类似于英语中的“then”。英语中的时间状语放在整个句子前面，并使用逗号将其与主句隔开。

总的来说，汉语中的状语位置相对灵活，可以根据需要放在修饰的成分前面或后面。与英语相比，汉语的状语通常不需要使用额外的引导词，使句子更加简洁明了。两种语言在表达上都有各自的特点，因此学习汉语或英语时，需注意状语的位置和用法的差异，以正确地理解和运用状语。

五 练习题（Liànxítí）Exercises

1. 在制定水电站的 ________ 时，首先要详细了解工程的概况和需求。
2. 为了确保施工按计划进行，项目经理制定了详细的 ________。
3. 工程项目的 ________ 是项目成功的关键，需要精确计算和安排。
4. 为了保证工程质量，项目团队实施了严格的 ________。
5. 为了防止意外事故，项目中特别强调了 ________。
6. 施工期间，________ 需要根据施工计划和实际情况进行调整。
7. 施工项目的 ________ 和 ________ 是确定项目总体进度的重要参考。
8. 在施工现场，使用了多种 ________ 和 ________ 来完成各项工作。

六 中国国情与文化（Zhōngguó Guóqíng yǔ Wénhuà）Chinese National Conditions and Culture

减少排放，保护环境

2022 年联合国气候变化大会（简称 COP27）由埃及主办，于 2022 年 11 月 6 日至 18 日于沙姆沙伊赫举行。本次会议涵盖 3 个国际公约缔约国会议，包含《联合国气候变迁纲要公约》第 27 次缔约国会议、《京都议定书》第 17 次缔约国会议（CMP17）及《巴黎协定》第 4 次缔约国会议（CMA4）。本次气候大会出席者众多。包含 196 个国家、120 位世界领袖，总计有 33449 人参与。来自 1751 个非政府组织的参与者有 11711 名。代表团人数最多的国家前 3 名是：阿拉伯联合酋长国（1073 人）、巴西（573 人）、刚果民主共和国（459 人）。联合国秘书长、美国总统、法国总统、英国首相、巴西总统等亲临 COP27 领导人峰会上发表讲话。会议目标是依据《巴黎协定》及《格拉斯哥气候公约》，期望能加速、扩大规模并通过正确的机制来实现承诺，具体推动气候减缓、适应行动、气候融资、公平转型乃至于促进全球共同协力等相关工作。

早在气候变化大会召开之前的 2022 年 10 月 3 日，联合国秘书长古特雷斯就呼吁："巴基斯坦 1/3 的土地被洪水淹没。今年夏天是欧洲 500 年来最热的夏天。菲律宾遭到台风重创。整个古巴停电。在美国，飓风伊恩残酷地提醒人们，没有一个国家和经济体能够幸免于气候危机。"他补充道，虽然"气候混乱正在肆虐，但气候行动却停滞不前"，"应对气候挑战的行动根本不够"，"我们今天正在为我们自己的安全和明天的生存进行生死攸关的斗争"，"世界等不及了，排放量处于历史最高水平并且还在上升"。

本次气候变化大会议题广泛，涵盖了以下众多议题：

（1）森林可释放气候减缓潜力。联合国环境规划署 2022 年 11 月 7 日发布报告指出，世界并未处在到 2030 年终止并逆转森林乱砍滥伐的正轨之上，而这一目标是落实《巴黎协定》1.5℃ 控温雄心的关键途径。如果要让全球气温升高的幅度控制在 2℃ 以内的概率达到 66%，那么到 2030 年，全球每年须避免或吸收 150 亿吨的排放量；而基于森林的解决方案就可为此提供重要的减缓潜力，由其贡献的减排量到 2030 年每年或可达到 40 亿吨。

（2）发展中国家呼吁成立损失和损害融资机制，促进气候公正。政府间气候变化专门委员会（IPCC）的数据显示，到 2030 年，即使全球仅升温 1.5℃，世界近一半的人口也将面临严重的气候变化影响。该议程涵盖诸多行动要点，涉及粮食安全与农业、水资源与自然、人类住区、海洋、城市等问题。截至 2022 年 11 月 8 日，有奥地利、苏格兰、比利时、丹麦和德国等 5 个欧洲国家承诺解决损失和损害问题。欧盟委员会主席乌尔苏拉·冯德莱恩向与会者表示，各国应效仿欧盟国家的做法，承诺为发展中国家提供气候融资。她说道："我们必须向发展中国家最需要帮助的人提供帮助，使他们适应更加恶劣的气候。"

（3）发布报告：受气候变化影响，年轻人在生育后代问题上"三思而行"。联合国儿童基金会 2022 年 11 月 9 日在第 27 届联合国气候变化大会上公布的一项调查结果显示，气候变化问题正迫使近半数非洲青年重新考虑生育后代的计划，这体现出年轻一代对地球未来不确定性的担忧。联合国儿童基金会的调查结果还显示，超过一半的受访者称其经历过干旱或酷热，而 1/4 的受访者则表示经历过洪水。此外，2/5 的受访者还提及，由于气候变化，他们可吃的粮食减少。这些受访者当中多数（52%）来自撒哈拉以南非洲，其次则是中东和北非（31%）。调查同时发现，有1/5的受访者认为，获取清洁的水变得越来越困难，特别是在中东和北非以及东亚和太平洋地区。

（4）大会呼吁减少化石燃料的使用，加速向可再生能源过渡。联合国秘书长气候行动特别顾问哈特（Selwin Hart）在接受《联合国新闻》采访时表示，为了实现《巴黎协定》中的目标，防止气候危机对地球产生最严重的影响，全球必须尽快淘汰化石燃料。他补充说道："正如秘书长所说，化石燃料是死路一条……我们需要在未来的8年里，将可再生能源装机容量的占比提高至60%，这意味着在10年之内需要将可再生能源装机容量增加两倍。"哈特认为这是完全有可能的，因为在过去10年里，可再生能源装机容量已经增加了两倍。

思考题

1. 2022年联合国气候变化大会（COP27）于2022年11月6日至18日在埃及沙姆沙伊赫举行，有哪些主要团体、国家元首参加?
2. 2022年联合国气候变化大会主要议题有哪些?

七 高频汉字（Gāopín Hànzì）High-frequency Chinese Characters

（一）本课高频汉字

场　展　时　理　新　方　主　企　资　实　学　报

（二）读音、词性、经常搭配的词和短语

场　chǎng　名词　市场，场地，体育场

展	zhǎn	动词 / 名词	展览，展开，展望
时	shí	名词	时间，时候，时代
理	lǐ	名词 / 动词	道理，事理，公理；理财，梳理，管理
新	xīn	形容词	新闻，更新，新年
方	fāng	名词	方式，方法，方向
主	zhǔ	名词	房主，地主，债主
企	qǐ	动词 / 名词	企图，企盼；国企，私企，央企
资	zī	名词	资源，投资，资讯
实	shí	名词	实际，实现，实用
学	xué	动词 / 名词	学习，学校，勤学；小学，中学，大学
报	bào	名词 / 动词	报纸，报刊，喜报；报告，报喜不报忧

（三）书写笔顺

场

展

展

时

理

理理

新

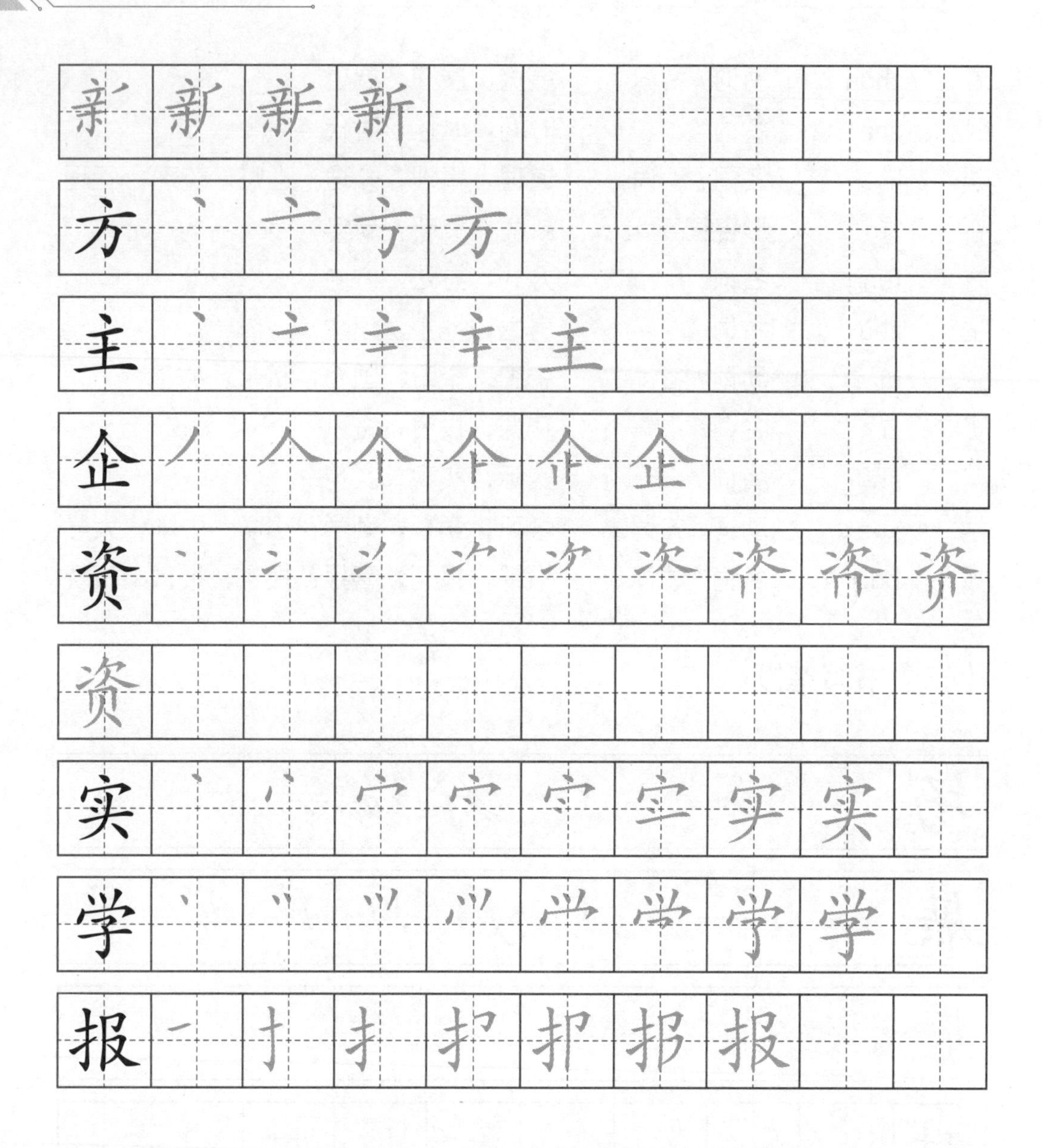

第6课
水利水电工程施工总体布置

 对话（Duìhuà）Dialogue

A：影响水利水电工程施工的因素有哪些？

B：影响水利水电工程施工的因素有很多，施工材料种类多，需要的场地也多，所以水利工程施工中的布置就很重要。

A：水利水电工程施工布置有什么原则呢？

B：水利水电工程施工布置有因地制宜的原则、临时性设施与永久性设施一起来规划的原则、尽量少占用土地原则和不同工程、工序高效衔接原则等。有些施工的时候建造的设施，比如道路、电网工程等在工程完工之后都可以保留下来。

A：水利工程施工总体布置还要考虑水利工程施工的相关工序。

B：水利工程施工都有哪些主要工序呢？

A：主要的有土石方工程、混凝土工程、基础处理工程、坝体接缝灌浆工程和金属结构及机电设备安装工程。

B：每个具体工程又有不同的工序吧？

A：对。拿土石方开挖工程施工工序来说，一般包括钻机架设、钻孔、装药、起爆、清渣。而且具体到不同的地方还有一些区分。

B：混凝土浇筑的施工工序呢？

A：混凝土浇筑施工工序一般包括：立模、扎筋、浇筑、养护、冲毛、拆模等，每层混凝土浇筑历时一般为7～10天。

B：水利水电工程真是一个复杂的系统工程！

二 课文（Kèwén）Text

水利水电工程施工总体布置

在任何建设项目的开始阶段，必须对施工进行充分的准备。首先，需要制定施工计划，并在总平面图上明确标注施工区、办公区、宿舍、食堂和小卖部等。接下来，需要进行施工用水和生活用水的准备，建立相应的供水系统。同时，需要规划材料堆放场地，以确保材料的安全存储和便于二次搬运。

在施工现场，需要规划设备摆放用地和临建设施，如临时的办公室和仓库等。此外，需要进行技术准备，包括工程测量、材料试验和质量计划的制订等。监理工程师也应参与施工准备，以确保施工的质量和安全。

图 10　土石方施工

在土石方工程中，施工组织设计是非常重要的一步。这需要根据实际情况进行规划，包括钻孔、装药、起爆、清渣等施工工序的安排。对于混凝土浇筑工程，需要进行立模、扎筋、浇筑、养护和冲毛等工序的安排，最终拆模。在坝体接缝灌浆工程中，需要制定详细的工艺流程，并确保材料准备和设备安装的顺利进行。

在完成坝体接缝灌浆工程之后，需要进行混凝土浇筑、立模、扎筋、浇筑、养护和冲毛等工序。这些工序需要高效率的机械设备和熟练的工人来完成。在混凝土浇筑过程中，需要严格控制混凝土的配合比例和浇筑时间，以确保混凝土的质量和强度。

除了坝体接缝灌浆和混凝土浇筑之外，机电设备安装也是水利工程中重要的工序之一。在机电设备的进场、检修和安装过程中，需要运用各种机械设备和运输车辆来完成。在完成机电设备的安装之后，还需要进行材料试验和工程测量等工作，以确保机电设备安装的质量和可靠性。

在整个施工过程中，监理工程师是必不可少的一员。他们需要对每个施工工序进行监督和管理，确保每个工序的执行符合质量计划和总平面图。此外，还需要对施工现场进行管理，如材料堆放场地、施工准备、施工用水和生活用水等方面的管理，以确保施工过程的顺利进行。

在进行建设工程之前，必须对物资和人员进行准备。物资准备涉及建筑材料和施工设备的采购和储备。而人员准备则需要招募足够数量和合适素质的人才，包括施工人员、管理人员和技术人员等。这些人员将在施工现场共同合作，完成各项任务，保证工程的顺利进行。

施工区是工程建设的核心地带，是施工人员的主要活动场所。在施工区内，通常需要摆放大型的施工设备和机械，为施工作业提供必要的条件和保障。办公区通常是管理人员和技术人员的工作区域，用于工程进度的监控和管理，以及各类技术问题的解决。宿舍、食堂和小卖部是为施工人员提供生活和休息服务的区域。在这些区域内，施工人员可以休息、进餐和购买必要的日用品，为施工作业提供必要的生活保障。

因此，物资准备和人员准备的充分与否将直接影响工程的施工进度和质量。施工区、办公区和生活区的布置合理与否，也将影响施工人员的工作和生活效率。因此，必须在施工前进行细致的技术准备、质量计划和施工组织设计，以确保施工的有序进行。同时，还需要配备专业的监理工程师，进行土石方工程、机电设备安装工程等关键环节的监督和质量检验。只有这样，才能保证建设工程的安全、高效和质量。

生词与短语（Shēngcí yǔ Duǎnyǔ）New Words and Expressions

施工用水	shīgōng yòngshuǐ	*NP.* water for construction
生活用水	shēnghuó yòngshuǐ	*NP.* domestic water
材料堆放场地	cáiliào duīfàng chǎngdì	*NP.* material storage area
二次搬运	èr cì bānyùn	*NP.* secondary handling
临建设施	lín jiàn shèshī	*NP.* temporary facilities
总平面图	zǒngpíngmiàntú	*NP.* general layout
材料试验	cáiliào shìyàn	*NP.* material testing
工程测量	gōngchéng cèliáng	*NP.* engineering survey
监理工程师	jiānlǐ gōngchéngshī	*NP.* supervising engineer
施工工序	shīgōng gōngxù	*NP.* construction process
混凝土浇筑	hùnníngtǔ jiāozhù	*NP.* concrete pouring
立模	lìmó	*NP.* making mold
扎筋	zhā jīn	*VP.* tie the tendons
浇筑	jiāozhù	*n.* pouring
养护	yǎnghù	*n.* conservation
运输车辆	yùnshū chēliàng	*NP.* transport vehicle
物资准备	wùzī zhǔnbèi	*NP.* material preparation
施工人员	shīgōng rényuán	*NP.* construction worker
管理人员	guǎnlǐ rényuán	*NP.* management staff
技术人员	jìshù rényuán	*NP.* technical staff
施工区	shīgōngqū	*NP.* construction area
办公区	bàngōngqū	*n.* workspace
宿舍	sùshè	*n.* dormitory
食堂	shítáng	*n.* canteen
小卖部	xiǎomàibù	*n.* shop

四　注释（Zhùshì）Notes

（一）项目部组织架构

水电站工程项目部的组织架构是一个重要的管理体系，它负责规划、设计、建设和运营水电站项目。该组织架构通常根据项目的规模、复杂程度和特定需求而设计，以确保项目的顺利推进和高效运作。一个典型的水电站工程项目部的组织架构一般是这样的：

项目经理办公室（Project Management Office，PMO）：项目经理办公室是项目部的核心组成部分，负责整体项目的策划、组织、实施和监控。项目经理办公室的主管是项目经理，他 / 她负责整个项目的决策和管理，确保项目的顺利进行和高效完成。

技术部（Technical Department）：技术部负责项目的规划和设计工作，包括初步设计、施工图设计等。技术部的主管是技术总工程师，负责指导项目的技术方案，与其他部门协调沟通，确保设计方案的顺利实施。

施工部（Construction Department）：施工部负责项目的实际施工工作，包括施工计划的制订、施工进度的监控、施工现场的安全管理等。施工部的主管是施工总监，负责指挥项目的施工工作，确保工程的质量和进度。

采购部（Procurement Department）：采购部负责项目所需的设备、材料和服务的采购工作。采购部的主管是采购总监，负责选择供应商、谈判合同，确保项目所需资源的及时供应。

财务部（Finance Department）：财务部负责项目的预算编制、成本控制和资金管理。财务部的主管是财务总监，负责监督项目的财务情况，与其他部门协调工作。

安全环保部（Safety and Environmental Protection Department）：安全环保部负责项目的安全和环保管理工作，确保项目施工和运营过程中的安全和环保问题得到妥善解决。安全环保部的主管是安全环保总监，负责监督项目的安全和环保工作，并与其他部门协调沟通。

监理部（Supervision Department）：监理部作为项目部的独立第三方，负责对项目的施工过程和质量进行监督和检查。监理部的主管是监理总工程师，负责监督施工过程，确保工程的质量和安全。

在实际项目中，组织架构可能会根据项目的规模、复杂程度和具体需求而有所不同。比如，有的项目部设置有测绘部或者测量部（Surveying Department），测量大坝的数据、基坑的深浅，当然还包括岩石的成分、硬度等参数。设立运行维护部（Operation and Maintenance Department），负责水电站建成后的日常运营和维护工作。当然了很多水电站工程项目部都有一个小卖部（Convenience Store），提供一些基本的生活用品。这些部门的密切协作和有效沟通，将确保项目的顺利推进和高效运作，最终实现项目的成功完成。

（二）越来越 + 形容词 / 心理类动词

在汉语中，"越来越"是一种常见的用法，用于表示随着时间的推移，某种特征或状态逐渐增加或减少。它通常用于形容词前，用来强调某个变化的程度。这种用法可以用来形容人的外貌、性格，事物的状态或特征等。用于心理动词（喜欢、讨厌、羡慕、嫉妒等）前，用来强调个人的感受或心理状态的变化。它可以用来描述一个人对某件事物、活动或情感的变化过程，表达自己的喜好、情感、态度等。

"越来越"是由"越来"和"越"两个词组成，表示随着时间的推移，某种特征或状态不断增加或减少。这种表达方式常用于形容词或者心理动词前，可以用来描述一个人、事物或现象在一段时期内发生的变化。用在心理动词前，表示随着时间的推移，个人心理活动逐渐增强或减弱。这种表达方式常用于心理动词前，用来描述个人对某事物、活动或情感的感受变化。这个结构强调了这种变化是逐渐的、持续的，通常带有积极或消极的意义。

汉语中"越来越"加形容词的例子：

你越来越漂亮了。（You are becoming more and more beautiful.）

他越来越帅了。（He is becoming more and more handsome.）

她越来越自信。（She is becoming more and more confident.）

这个城市越来越繁华。（This city is becoming more and more prosperous.）

食物越来越贵了。（Foods are getting more expensive.）

汽车越来越多了。（There are more and more cars.）

现在孩子越来越少了。（There are fewer and fewer children now.）

汉语与英语的对比分析：在英语中，表达类似的意思通常使用比较级形式，而不是“越来越”这样的结构。例如，英语中会说“You are getting more beautiful.”而不是“You are becoming more and more beautiful.”同样，英语中会说“His English is getting better.”而不是“His English is becoming more and more good.”这说明在汉语和英语中，表达逐渐增加或减少的变化时，语言结构和用词方式是不同的。

汉语中“越来越”加心理动词的例子：

我越来越喜欢科幻电影了。（I am becoming more and more fond of science fiction movies.）

她越来越害怕黑暗。（She is becoming more and more afraid of the dark.）

他越来越厌倦这种无聊的工作。（He is getting more and more tired of this boring job.）

孩子们越来越喜欢在户外玩耍。（The children are becoming more and more fond of playing outdoors.）

汉语与英语的对比分析：在英语中，表达类似的意思通常也使用逐渐增加或减少的形式，但用词方式可能略有不同。例如，英语中会说“I am starting to like science fiction movies more.”而不是“I am becoming more and more fond of science fiction movies.”这说明在汉语和英语中，表达心理活动的逐渐变化时，语言表达方式有一定的差异。

五　练习题（Liànxítí）Exercises

1. 在工程开工前，必须完成详细的 ________。
2. 为了保证施工顺利进行，需要合理规划 ________。

3. ________ 是施工现场不可或缺的部分，用于存放建筑材料。
4. 施工现场的 ________ 对于确保施工质量和进度非常重要。
5. ________ 是施工期间的关键步骤，需要精确的操作。
6. 工程的 ________ 由专业人员负责，以保证施工的准确性和安全性。
7. 施工现场的 ________ 需要为工人提供必要的生活和休息设施。
8. ________ 负责监督和指导施工过程，确保工程按照规范进行。

中国国情与文化（Zhōngguó Guóqíng yǔ Wénhuà）Chinese National Conditions and Culture

中国脱贫成就和经验

2021年3月2日中国常驻联合国代表团举行“促进落实2030年可持续发展议程：中国的减贫实践”线上主题吹风会。中国常驻联合国代表张军向各会员国、联合国秘书处和有关机构、中外媒体等全面介绍中国脱贫攻坚取得的重大历史性成就，深刻阐述其对中国和全球发展的重大意义，同各方分享中国的减贫经验和实践。

张军表示，消除贫困是人类一直以来的梦想，也是联合国2030年可持续发展议程的第一目标。他指出，中国脱贫攻坚战取得全面胜利，全面推进了中国经济社会发展进步，为实现可持续发展开拓了广阔的前景；全面提高了中国人民享受人权的水平，打造了伟大的人权工程；为发展中国家实现发展繁荣探索了可行道路；为全球发展作出重要贡献，有力地促进了落实2030年议程。

张军指出，中国为全球减贫事业提供了强大的动力，减贫人口占同期全球减贫人口的70%以上。中国提前10年实现了2030年议程减贫目标，为如期落实2030年议程提振了信心、奠定了基础。1980年改革开放刚刚开始，中国还是一个发展中的农业大国，过半的人生活在贫困之中。2012年中国有832个国家级贫困县，9899万名贫困人口，到2020年年底实现了贫困县全部摘帽和绝对贫困人口“归零”。张军说，中国的减贫成绩来之不易。回顾中国的实践，可总结出四点经验：一是坚强有力的领导，二是坚持以人民为中心，三是动员全社会力量，四是实施精准扶贫方略。具体措施可以归纳如下：①对口支援帮扶。从省市政府机关、大学等选拔人员、干部到贫困地区对口帮扶，为期 1～2 年，然后轮换。②开展产业扶贫。每个贫困村可以得到银行贷款来发展蔬菜种植、果树栽培、菌草种植，或者立足本地发展乡村旅游产业。③修桥铺路。在大山深处实现所有村庄通公路。④整体生态搬迁。交通极其不便、资源极端匮乏的贫困村实现整体搬迁。⑤投入大量资金。2012—2020 年，我国中央财政专项扶贫资金投入 6896 亿元，2021 年安排中央财政衔接推进乡村振兴补助资金 1561 亿元，精准落实帮扶措施，加大对产业扶贫、就业扶贫的支持。[1]

张军强调，中国愿同各方一道，继续深化国际减贫合作和南南合作，大力支持联合国和秘书长工作，充分发挥中国—联合国和平与发展基金作用，有力推进全球减贫事业和落实 2030 年议程，加快实现疫后更好复苏，积极应对气候变化挑战。

与会各方热烈祝贺中国脱贫攻坚取得全面胜利，认为中国巨大的减贫成就令全世界瞩目，为全球落实 2030 年可持续发展议程作出重大贡献。他们普遍认为，中国制定精准扶贫举措、关注弱势群体发展、构建伙伴关系等经验做法为广大发展中国家提供了重要典范和样板，中国的成就将为全球范围内落实 2030 年议程注入强大的信心和动力。

巴基斯坦、阿尔及利亚、新加坡等国大使指出，中国在落实可持续发展目标方面一直走在世界前列，为各国实现减贫可持续目标提供了重要范例。中国巨大的减贫成就得益于中国政府的坚强组织领导、社会各界的广泛参与和人民群众的开拓创新，值得国际社会特别是广大发展中国家学习借鉴。马拉维、埃及、埃塞俄比亚和南非等国大使表示，中国的伟大成就让广大发展中国家看到了希望，增强了发展信心，在广大发展中国家深受疫情困扰、贫困人口大幅增加的背景下有特殊重大意义。

---

[1] 光明网．十年间我国中央财政专项扶贫资金投入 6896 亿元［EB/OL］．（2021-07-30）［2023-10-24］．https://m.gmw.cn/baijia/2021-07/30/1302444995.html．

联合国人口基金、开发计划署和粮农组织等机构有关负责人表示，中国以实际行动促进全球共同发展，支持联合国发挥中心作用，在南南合作框架下向发展中国家提供大量的援助和支持，为落实可持续发展目标作出了重要的贡献。

思考题

1. 中国战胜贫困的经验、措施，哪些值得借鉴?
2. 如何理解中国脱贫成功对世界的意义?

七 高频汉字（Gāopín Hànzì）High-frequency Chinese Characters

（一）本课高频汉字

制 政 济 用 同 于 法 高 长 现 本 月

（二）读音、词性、经常搭配的词和短语

制	zhì	名词 / 动词	制度，制造，制定
政	zhèng	名词	政府，政策，政事
济	jì	动词	经济，救济，经世济民
用	yòng	动词	使用，用途，用心
同	tóng	形容词	同样，相同，共同
于	yú	介词	于是，大于，属于
法	fǎ	名词	法律，方法，手法
高	gāo	形容词	高山，高度，个子高
长	cháng/zhǎng	形容词	长江，长城，长路漫漫
现	xiàn	动词 / 名词	出现，显现，体现；现在，现场

本	běn	量词	一本书，一本账
月	yuè	名词	月亮，月份，月底

（三）书写笔顺

字	1	2	3	4	5	6	7	8	9
制	丿	𠂉	𠂉一	𠂉丨	𠂉冂	𠂉巾	制⺈	制	
政	一	丅	下	下丨	正	正丿	正⺈	正攵	政
济	丶	冫	氵	氵丶	氵亠	氵亠丿	汶	济丿	济
用	丿	冂	月	月	用				
同	丨	冂	冂一	冂口	同	同			
于	一	二	于						
法	丶	冫	氵	氵一	汁	汢	法𠃊	法	
高	丶	亠	亠丨	亠口	亠口	亠口丨	高冂	高	高
高									
长	丿	𠂉	长	长					

现
本
月

第7课
工程施工管理与安全

 对话（Duìhuà）Dialogue

A：你好，最近在施工管理方面有哪些挑战需要应对吗？

B：最近我们遇到了一些安全事故，工地附近发生了一场泥石流。

A：你们采取一些安全措施来避免这些事故的发生吗？

B：是的，我们一直注重规范施工和文明施工，坚持安全第一，要求每个工人都要佩戴安全帽。

A：非常好！除了安全管理，你们如何保证工程的质量？

B：我们有质量管理制度和检查制度，所有的工序都要严格把关，确保符合标准。

A：那你们如何保证进度呢？

B：我们有进度计划和全过程管理，同时对每个单位工程进行分解，确保按照计划完成。

A：这么多管理措施，你们有合同管理吗？

B：有，我们签订了合同，明确了责任和权利，而且有管理责任制，确保按照合同完成工程。

A：了解了。那么你们如何控制成本呢？

B：我们有成本管理和财务管理制度，每项费用都要清晰明确，而且对每项费用进行监控。

A：很好！除了这些，你们还遇到过什么问题吗？

B：最近疫情影响了工人的人员配备和工期，导致赶工期比较困难。

A：对于疫情的情况，你们有什么应对措施吗？

B：我们加强了人员管理和防疫措施，确保安全生产的同时尽量保证工期。

A：好的，你们做得很好！有任何问题可以及时与我沟通。

图 11　安全帽

二　课文（Kèwén）Text

工程施工管理与安全

施工是工程建设的重要环节，是实现工程目标的关键步骤。然而在施工中也存在着各种管理、安全、事故、灾难等问题，需要通过质量管理、进度管理、安全管理、合同管理、财务管理、成本管理、全过程管理、检查制度和管理责任制等手段加以解决。

规范施工、文明施工、安全施工等概念是为了保障施工质量、提高施工效率而提出的要求。安全帽是工人保障自身安全的必备装备，而安全第一、文明施工也是施工中必须遵循的原则。然而即使有了规范、文明、安全的要求和原则，仍然可能发生各种安全事故。例如，在雨天施工，陡坡、滑坡、泥石流等地形条件的存在，都会增加施工中发生事故的概率。此外，山洪、地震等灾难也是施工中不可避免的风险。

为了应对这些风险，施工管理需要建立全面的安全管理体系，包括灾害风险评估、事故应急预案、人员培训、设备检查、施工现场巡查等各个环节。同时，合同管理、财务管理、成本管理、全过程管理也是施工管理中的关键要素，它们有助于提高工程的效益、降低成本、确保工程质量。

除了管理和安全方面的要求，施工中的赶工期也是施工管理中的一个重要问题。因为赶工期可能会影响工程的质量和安全，需要采取措施保障工程的质量和安全，同时协调进度和质量的关系。在当前的新冠疫情背景下，施工管理也面临着新的挑战。为了防止疫情的传播，需要采取一系列防疫措施，如检测、隔离、消毒等，这些措施增加了施工管理的复杂性。

总之，施工管理是工程建设中非常重要的环节，需要综合运用各种手段来确保施工的安全、质量和进度。只有通过严格的管理和有效的应对措施，才能保障工程的顺利进行，实现工程目标。

生词与短语（Shēngcí yǔ Duǎnyǔ）New Words and Expressions

施工安全	shīgōng ānquán	*NP.* construction safety
合同管理	hétóng guǎnlǐ	*NP.* contract management
财务管理	cáiwù guǎnlǐ	*NP.* financial management
成本管理	chéngběn guǎnlǐ	*NP.* cost management
全过程管理	quán guòchéng guǎnlǐ	*NP.* whole process management
检查制度	jiǎnchá zhìdù	*NP.* inspection system
管理责任制	guǎnlǐ zérènzhì	*NP.* management responsibility system
规范施工	guīfàn shīgōng	*NP.* standardized construction
文明施工	wénmíng shīgōng	*NP.* civilized construction
事故	shìgù	*n.* accident
灾难	zāinàn	*n.* disaster
安全帽	ānquán mào	*n.* helmet
安全第一	ānquán dì-yī	*NP.* safety first

安全事故	ānquán shìgù	*NP.* security incident
雨	yǔ	*n.* rain
陡坡	dǒupō	*NP.* steep slope
滑	huá	*adj.* & *v.* slip
泥石流	níshíliú	*n.* landslide
山洪	shānhóng	*NP.* flood in the mountain；torrent
赶工期	gǎn gōngqī	*v.* rush deadline
新冠疫情	xīnguān yìqíng	*n.* COVID-19（epidemic）

四 注释（Zhùshì）Notes

（一）清洁能源

清洁能源是一种无污染、可再生的能源，主要包括太阳能、风能、水能、地热能和生物质能等。与化石燃料如煤、油、天然气不同，清洁能源在使用过程中几乎不会产生有害气体，因此对环境和人类健康的影响要小得多。例如，太阳能通过太阳能板将太阳光直接转化为电能；风能则是通过风力发电机将风的动能转化为电力；水能则是通过大坝和水轮机将水的动能转化为电力。这些清洁能源的使用有助于减缓全球变暖，减少空气和水污染，减少对化石燃料的依赖，从而促进可持续发展。

目前，随着全球气候变化和化石燃料资源的日益紧张，清洁能源得到了越来越多的国家和地区的重视。许多政府都在积极推动清洁能源的研究和应用，鼓励企业和个人使用太阳能、风能等清洁能源。有些城市甚至已经完全依靠清洁能源供电。然而，清洁能源的推广和应用还存在一些挑战，如成本较高、技术难题、能源储存和转换效率等问题。但是随着科技的进步和社会的支持，清洁能源的前景非常广阔，它将在未来的能源结构中扮演越来越重要的角色。使用清洁能源不仅是保护地球环境的重要途径，还是实现经济、社会、环境三方面可持续发展的关键所在。

图 12　太阳能发电

（二）“A 跟 B（不）一样 +（形容词）”表示比较

在汉语中，表示比较“A 跟 B（不）一样 +（形容词）”是一种常见的句式，用于对两个或多个事物、人物或情况进行比较。“A 跟 B（不）一样 +（形容词）”这种句式用于对 A 和 B 进行比较，表示它们在某个方面的相似或不同之处。其中，A 和 B 可以是具体的人、物、地点等，形容词用来描述所比较的特征。这种句式通常用来强调事物之间的共同点或差异，并且在表达中常用于进行比较和对比。表达两个事物之间的相似性，两种格式：

（1）A 跟 / 和 / 同 B 一样

（2）A 跟 / 和 / 同 B 一样 + 形容词（Adjective）

请看例子：

黑猫跟黄猫一样大。（The black cat is as big as the brown one.）

我的手机跟他的手机一样新。（My phone is as new as his.）

这本书和那本书一样厚。（This book is as thick as that one.）

这个城市跟以前一样繁华。（This city is as prosperous as before.）

我的手机跟你的手机不一样。（My phone is not the same as your phone.）

在英语中，表示类似的比较通常使用“As + 形容词 + as”的结构，而不是“A 跟 B 一样 + 形容词”的形式。例如，英语中会说“My phone is as new as his phone.”而不是“My phone is the same new as his phone.”同样，英语中会说“This city is as prosperous as before.”而不是“This city is the same prosperous as before.”这说明在汉语和英语中，表达相似的比较时，语言结构和用词方式是不同的。

“A 跟 B（不）一样 +（形容词）”是汉语中常用的句式，用于对两个或多个事物进行比较，强调它们在某个方面的相似或不同之处。这种句式在汉语中经常用于进行比较和对比，在表达中常用形容词来修饰所比较的特征。与英语相比，汉语在表达相似的比较时，采用了不同的语言结构和用词方式。

五 练习题（Liànxítí）Exercises

1. 为保证工地安全，项目经理强调了 ________ 的重要性。
2. 工程项目的 ________ 包括合理分配和使用资金。
3. 工地上，工人们总是戴着 ________ 以保护自己。
4. 为了预防和减少 ________，施工现场必须严格遵守安全规范。
5. 在雨季施工时，工程团队特别注意 ________ 和 ________ 的安全隐患。
6. 工程团队正在采取措施应对由于 ________ 造成的施工延迟。
7. 工程的 ________ 要求项目从开始到结束都必须有良好的组织和控制。
8. 为了避免在紧迫的工期下出现安全问题，________ 是施工管理的一部分。

中国国情与文化（Zhōngguó Guóqíng yǔ Wénhuà）Chinese National Conditions and Culture

千里之堤 溃于蚁穴

“千里之堤，溃于蚁穴”与“千里之堤，毁于蚁穴”意思基本一样。

原文出自《韩非子·喻老》："千丈之堤，以蝼蚁之穴溃；百尺之室，以突隙之炽焚。"这个成语的意思不难理解。溃，本义是指大水冲破堤岸（堤坝）；蚁穴，蚂蚁的洞穴。指很长的堤坝，因为小小蚁虫的啃噬，最后也会被摧毁的。叫人不要小看自己的所犯的错误，一点点小错的积累会使你的人生毁于一旦。忽视小的错误，就可能造成错误的积累。如果你在网上百度搜索"千里之堤，溃于蚁穴"这个成语，你会看到这样一个故事。

临近黄河岸畔有一片村庄，为了防止黄河水患，农民们筑起了高高的长堤。一天有个老农偶然发现蚂蚁窝一下子多了许多。老农心想这些蚂蚁窝到底会不会影响长堤的安全呢？他正要回村去报告，路上遇见了他的儿子。老农的儿子听了不以为然地说道：这么坚固的长堤，还害怕这些小小的蚂蚁吗？拉起老农一起下田干活去了。当天晚上风雨交加，黄河里的水猛涨起来，一开始水从蚂蚁窝渗透出来，后来滔滔的河水冲破了堤坝，冲毁了附近数不清的村庄。

在英语文化中也流传着一个广为人知的故事：少了一枚铁钉，掉了一只马掌；掉了一只马掌，瘸了一匹战马；瘸了一匹战马，败了一次战役；败了一次战役，丢了一个国家。因为少了一个马蹄上铁钉而导致一个国家灭亡的故事来自于一首英国的民谣。民谣的背后据说还有一个真实的故事，具体如下。

1485 年，英国国王查理三世准备和凯斯特家族的亨利决一死战，以此决定由谁来统治英国。在战斗打响之前，查理派马夫装备上自己最喜欢的战马。马夫发现这匹马的马掌没有了，于是他让铁匠快点给马钉掌，因为国王希望骑它打头阵。铁匠回答道："你得等一等，前几天，因给所有的战马钉掌，铁片已经用完了。"

"我等不及了！"马夫不耐烦地叫道。

铁匠埋头干活，从一根铁条上弄下可做四个马掌的材料，把它们砸平、整形、固定在马蹄上，然后开始钉钉子。钉了三个马掌后，他发现没有钉子来钉第四个马掌了。

"我缺几个钉子，"他说，"需要点儿时间砸两个。"

"我告诉过你，我等不及了！"马夫急切地说。

“没有足够的钉子，我也能把马掌钉上，但是不能像其他几个那么牢固。”

“能不能挂住？”马夫问。

铁匠回答说应该能，但是他也没有百分百的把握。铁匠凑合着把马掌挂上了。很快，两军交战了。查理国王冲锋陷阵，鞭策士兵迎战敌军。突然，一只马掌掉了，战马跌倒在地，查理也被掀翻在地上。受惊的马跳起来逃走了，国王的士兵也纷纷转身撤退，亨利的军队包围上来。查理在空中挥舞宝剑，大喊道：“一个钉，一个马蹄钉，我的国家就毁灭在这颗马蹄钉上！”

这个故事有很多个版本，很多细节也有差异，但故事背后的道理是一样的，那就是细节决定成败，一个小小的疏忽、失误在特定的条件下会导致非常严重的后果。

“海因里希法则”也说明了这个道理。海因里希法则（Heinrich's Law）又称“海因里希安全法则”“海因里希事故法则”或“海因法则”，是美国著名安全工程师海因里希（Herbert William Heinrich）提出的300∶29∶1法则。这个法则是说：在机械的生产过程中，每发生330起意外事件，有300件未产生人员伤害，29件造成人员轻伤，1件导致重伤或死亡。海因里希法则是美国人海因里希通过分析工伤事故的发生概率，这一法则完全可以用于企业的安全管理上，即在1件重大的事故背后必有29件轻度的事故，还有300件潜在的隐患。人的遗传因素造成的缺点、人的不安全行为或物的不安全状态都会造成事故和伤害。正所谓：“天下难事，必做于易；天下大事，必做于细”。

思考题

1. 成语“千里之堤，溃于蚁穴”告诉了人们什么道理？
2. 这首民谣以及民谣背后的故事对人们有什么启示？
3. “海因里希安全法则”的基本内容是什么？

七 高频汉字（Gāopín Hànzì）High-frequency Chinese Characters

（一）本课高频汉字

定　化　加　动　合　品　重　关　机　分　力　自

（二）读音、词性、经常搭配的词和短语

定	dìng	动词	定时，预定，定下日子
化	huà	动词	变化，化学，化验
加	jiā	动词	加快，增加，加班
动	dòng	动词	动力，运动，行动
合	hé	动词	合作，合同，合成
品	pǐn	名词	商品，品种，人品
重	zhòng	形容词	重头戏，重要，重视
关	guān	动词 / 名词	关门，关心；开关，机关
机	jī	名词	机器，机场，挖掘机
分	fēn	动词	分享，分析，分别
力	lì	名词	力量，努力，影响力
自（己）	zì	代词	自己，自发，自流井

（三）书写笔顺

定	丶	丶丶	宀	宀	宁	宁	宇	定	
化	丿	亻	亻	化					

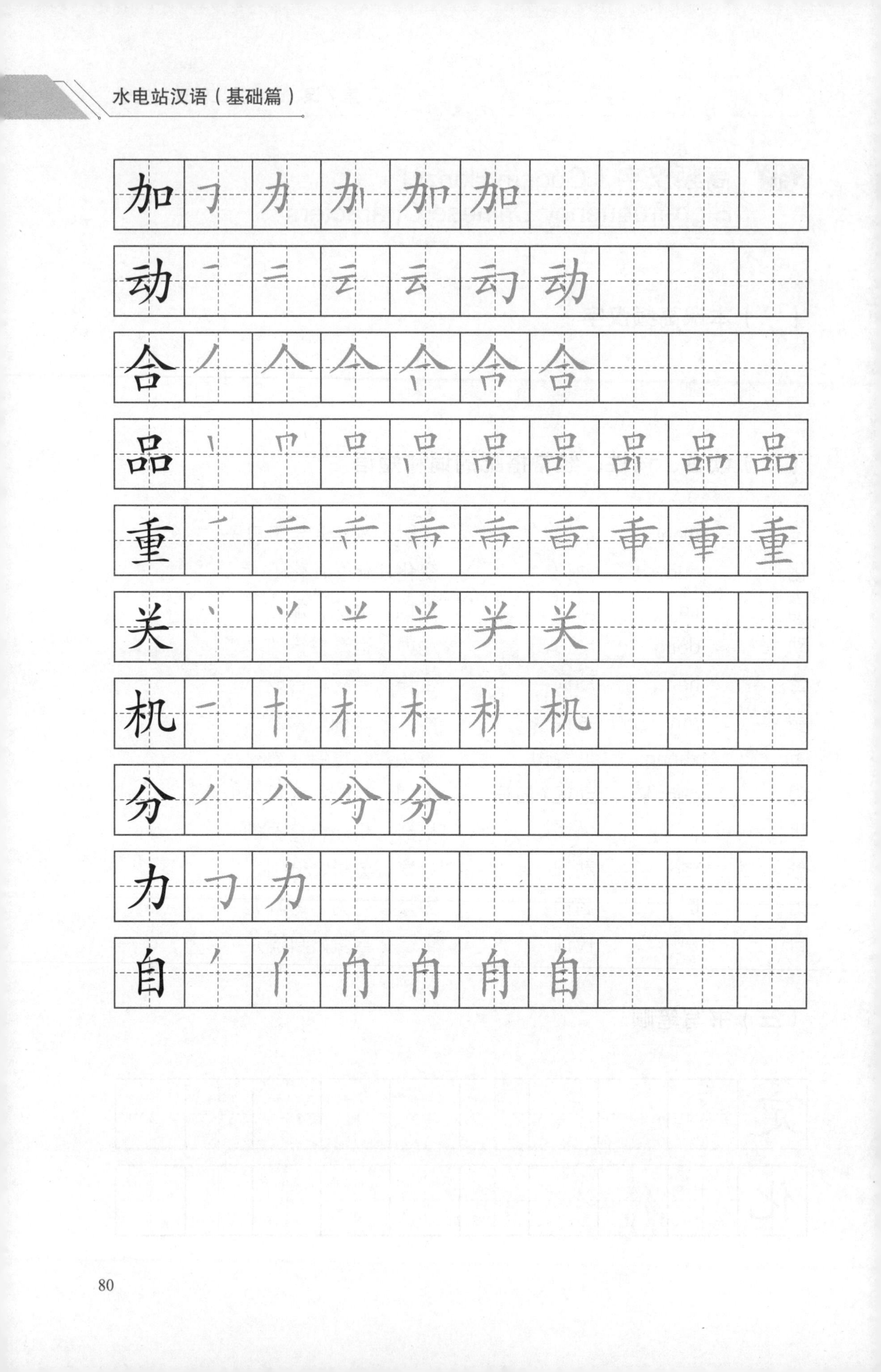

字									
加	㇇	力			加				
动	一	二		云		动			
合	丿	人	亼			合			
品	丨		口						品
重	一								重
关	丶					关			
机	一	十	才	木		机			
分	丿	八		分					
力	㇇	力							
自	丿					自			

第 8 课
土石方工程

一 对话（Duìhuà）Dialogue

A：什么是土石方工程？

B：土石方工程是一种土地开发和建设活动，涉及平整场地、移动和处理土石方以及地表的改造。

A：为什么需要平整场地？

B：平整场地可以为后续建设创造合适的基础，确保建筑物的稳定性和结构完整性。

A：在土石方工程中，什么是土石方？

B：土石方指的是从地表或地下挖掘出的土壤和岩石的混合物，在工程中会进行移动和处理。

A：人工土石方和机械土石方有什么区别呢？

B：人工土石方是使用人力进行土石的挖掘和搬运，而机械土石方则是借助各种机械设备进行操作。

A：在机械土石方中，推土机的作用是什么？

B：推土机通常用于推平场地、切削坡面或者进行土石的移动，以便进行建设。

A：挖掘机在土石方工程中有什么作用？

B：挖掘机主要用于挖掘土石、开挖沟渠以及进行其他土方作业。

A：铲运机和自卸汽车有何不同？在工程中扮演什么角色？

B：铲运机用于将挖掘的土石装载到自卸汽车中，后者则负责将土石运输至指定地点，如填埋场或者回填区。

A：在土石方工程中，什么是底面和边坡？

B：底面是工程地表的底部，边坡是底面与地表之间的斜坡部分，需要进行处理以确保稳定。

A：清理、回填和碾压在土石方工程中的流程如何？

B：清理阶段涉及清除工程区域内的障碍物和杂物，回填是将土石方材料重新填回挖掘的空间，碾压则是使用机械设备对填方材料进行压实处理。

A：土石方工程中还有其他需要注意的关键点吗？

B：是的，除了上述步骤，还需要考虑材料的选择、施工过程中的安全措施以及环境保护等因素，以确保土石方工程的顺利进行。

图 13　挖掘机与自卸汽车

二　课文（Kèwén）Text

创造稳固基础，塑造未来景象

土石方工程，作为土地开发和建设领域的核心环节之一，旨在通过平整场地、移动和处理土石方，以及地表的改造，为后续的建设提供坚实的基础。无论是在城市建设、交通基础设施中，还是在工业园区，土石方工程中，都扮演着不可缺少的角色。

什么是土石方工程？土石方工程是一项多层次的工程，涵盖了多种关键步骤。土石方，是指从地表或地下开挖出的土壤和岩石的混合物。这些材料在工程中扮演着重要角色，可以用于填充空隙、平整场地，甚至建设支撑结构。土石方工程的目标之一就是通过移动和处理这些材料，创造出适合建设的地基。以下几个方面需要注意。

图14　推土机

一是人工土石方与机械土石方。土石方工程在漫长的历史中，经历了从人工操作到机械操作的演变。人工土石方是早期的主要方法，通过人工挖掘和搬运土石方，进行场地平整。然而，这种方法不仅效率低下，而且劳动强度大。随着工程机械技术的不断发展，机械土石方逐渐崭露头角，极大地提升了工程的效率和质量。

二是关键机械设备的作用。在机械土石方中，推土机、挖掘机、铲运机和自卸汽车是工程中不可或缺的角色。推土机通常用于场地平整，它可以平整不同地势的地面，创造出更适合建设的基础。挖掘机则是进行土石的开挖和挖掘，它的强大力量和多功能性使工程进展更加顺利。铲运机和自卸汽车则紧密协作，铲运机将挖掘的土石方装载到自卸汽车中，自卸汽车将土石方运输到指定地点。

三是土石方工程的流程。土石方工程的实施通常包括几个关键步骤：清理、挖掘、回填和碾压。清理阶段旨在清除工程区域内的杂物和障碍物，为后续的土石方作业创造条件。挖掘阶段则涉及沟槽挖土方工程量和地坑挖土方工程量的计算，以确保挖掘的深度和体积符合设计要求。回填是将挖掘出的土石方重新填回原来的位置，使地表恢复平整。最后，通过碾压机械对填方材料进行压实，增加地表的稳定性和承载能力。

四是工程量的计算。工程量的准确计算是土石方工程不可或缺的一环。沟槽挖土方工程量的计算通常涉及测量沟槽的长度、宽度和深度，然后根据相应的公式计算出挖掘的体积。地坑挖土方工程量的计算类似，需要测量地坑的尺寸并进行体积计算。回填土项目工程量的计算涉及填方的尺寸和回填的深度，通过计算填方土的体积来评估工程量。

随着科技的进步和建设需求的不断增加，土石方工程将不断创新和发展。工程机械将变得更加智能化和高效，计算方法将更加精准。同时，对于环境保护和可持续发展的重视也将在土石方工程中得到体现。通过合理的资源利用和工程设计，土石方工程将继续在各个领域为建设提供坚实的基础和支撑。

生词与短语（Shēngcí yǔ Duǎnyǔ）
New Words and Expressions

平整场地 píngzhěng chǎngdì *NP.* site leveling
推土机 tuītǔjī *n.* bulldozer
挖掘机 wājuéjī *n.* excavator
铲运机 chǎnyùnjī *NP.* shovel machine
自卸汽车 zìxiè qìchē *NP.* dump truck
边坡 biānpō *n.* slope
清理 qīnglǐ *n.* cleaning
回填 huítián *n.* backfilling
碾压 niǎnyā *n.* crushing

人工土石方	réngōng tǔshífāng	*NP.* manual earth and rock excavation
机械土石方	jīxiè tǔshífāng	*NP.* mechanical earth and rock excavation
底面	dǐmiàn	*n.* bottom
土方工程	tǔfāng gōngchéng	*NP.* earthwork engineering
堆土	duītǔ	*n.* piling soil
开挖	kāiwā	*n.* excavation
排水	páishuǐ	*n.* drainage
土工布	tǔgōngbù	*n.* geotextile
防渗	fángshèn	*NP. /VP.* seepage control
填方	tiánfāng	*n.* filling
复平	fùpíng	*n.* re-leveling
土质检测	tǔzhì jiǎncè	*NP.* soil quality testing

四　注释（Zhùshì）Notes

（一）水循环

水循环是一个自然的过程，它描述了地球上水从一个地方移动到另一个地方的方式。首先，太阳的光照射到海洋和湖泊，使水变热并蒸发成水蒸气。这个过程叫作蒸发。然后，这些水蒸气上升到空气中并变成云。这个过程叫作凝结。当云聚集到一起并变得越来越重时，水滴会掉下来形成雨或雪，这就是降水。

除了从湖泊和海洋蒸发的水之外，植物也通过一种叫作蒸腾作用的过程释放水蒸气。这些水蒸气也会参与凝结和降水过程。当雨水落到地面时，有些会流入河流和湖泊，这叫作地表径流。有些则会渗透到地下，成为地下水。地下水是水循环非常重要的一部分。人们经常用它来灌溉农田，也是很多人饮用水的来源。地下水能够缓慢地流动，最终返回河流、湖泊和海洋。有时候，人类的活动会对水循环造成影响。比如，过度抽取地下水可能会导致水位下降。

保护水资源非常重要，因为水对人们的生活至关重要。合理使用水资源、减少浪费、保护水质，都可以帮助我们确保有足够的干净水来满足未来的需求。了解水循环的过程不仅有助于我们更好地理解地球上的自然现象，还可以引导我们更负责任地使用和保护水资源。

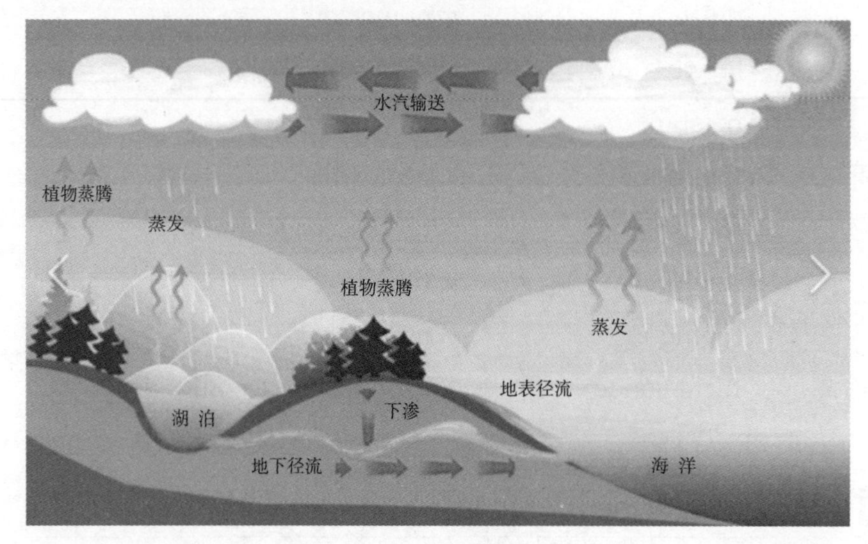

图 15　水循环

水循环是地球生态系统的基础，不仅影响着气候和天气，还支撑着人类和其他生物的生活。通过学习和理解水循环，我们可以更加尊重和保护这个宝贵的资源，以确保地球上所有生命的健康和繁荣。

（二）动态助词“着”

动态助词“着”是现代汉语中一个非常常用的词语，它具有丰富的句法功能和用法。在句子中，它能够表达出动作的进行、状态的持续以及动作的结果等不同意义，具有多样的表达方式。动态助词“着”的句法功能和用法如下。

1. 表示动作的进行或状态的持续

动态助词“着”常常用来表示一个动作正在进行或一个状态在持续中。它可以与动词连用，构成“动词 + 着”的结构。例如：

孩子们一路都唱着歌。（The children were singing songs all the way.）

外面刮着风。（The wind is blowing outside.）

天空中飘着一朵朵白云，风轻轻吹拂着它们。（White clouds are drifting in the sky，gently touched by the breeze.）

2. 表示状态的持续

动词 / 形容词 + 着

墙上挂着一幅画。（There’s a painting hanging on the wall.）

图书馆整夜都亮着灯。（The library is lit up all night.）

她穿着一身华丽的礼服，引来了众人的瞩目。（She is wearing a gorgeous dress，attracting the attention of the crowd.）

3. 表示动作的结果，也是一种状态

在一些情况下，动态助词“着”可以表示一个动作已经完成并带来了结果。这种用法常见于体现动作的变化或转变。例如：

桌子上摆着一束鲜花。（There is a bouquet of flowers placed on the table.）

山上堆着厚厚的积雪。（Thick snow has accumulated on the mountain.）

4. 表示动作的状态或方式

动态助词“着”还可以用来表示动作的状态或方式，用于形容动作的特点。例如：

她跑着回家。（She runs home.）

他笑着告诉我一个笑话。（He tells me a joke while laughing.）

动态助词“着”在现代汉语中具有多重句法功能和用法，可以用来表达动作的进行、状态的持续、动作的结果以及动作的状态或方式等不同的含义。这种多功能性使它成为了丰富表达的重要工具，在句子中发挥着重要的作用。

五 练习题（Liànxítí）Exercises

1. 在建设水电站之前，首先需要对工地进行 ________，以便施工。
2. 工程团队使用 ________ 来移除大量土壤和岩石。
3. 施工过程中，________ 被广泛用于挖掘和翻土。
4. 为了确保工地的稳定性，必须对 ________ 进行加固。
5. 工程完成后，需要进行 ________ 以平复地表。
6. 在施工现场，________ 被用于运输挖掘出的土石。
7. 为了防止水土流失，施工中会使用 ________ 来保护斜坡。
8. 一旦完成主体结构的建设，需要对空地进行 ________，以恢复原貌。

六 中国国情与文化（Zhōngguó Guóqíng yǔ Wénhuà）Chinese National Conditions and Culture

中国式现代化

2022 年 10 月 16 日第二十次全国代表大会在北京人民大会堂开幕，国家主席习近平代表第十九届中央委员会向大会作了主题报告。报告中正式提出了“中国式现代化”这个词语，并明确了中国式现代化的特点与内涵。

历史上中国长期处于封建社会。到了 19 世纪，欧洲国家率先完成了工业革命，实现了国家现代化。中国到 20 世纪 70 年代还是一个落后的农业国，人口多，底子薄。到了 1978 年，中国的 GDP 占世界排名的第 9 名，当时的国内生产总值为 3600 多亿元，人均 GDP 为 381 元，外汇储备是 1.67 亿美元。虽然总的排名是世界第九，但是由于人口众多，人均财富都不知道排到哪里去了。在四五十年的时间里中国就实现了现代化，经济总量大幅提高。根据世界银行的统计，2022 年美国的 GDP 为 22.94 万亿美元，中国的 GDP 为 16.86 万亿美元，日本的 GDP 为 5.1 万亿美元。

既有各国现代化的共同特征，更有基于自己国情的中国特色。中国式现代化有哪些特征呢？一般认为有以下几个特征。

第一，中国式现代化是人口规模巨大的现代化。我国 14 亿多人口整体迈进现代化社会，规模超过现有发达国家人口的总和，艰巨性和复杂性前所未有，发展途径和推进方式也必然具有自己的特点。

第二，中国式现代化是全体人民共同富裕的现代化。我们坚持把实现人民对美好生活的向往作为现代化建设的出发点和落脚点，着力维护和促进社会公平正义，着力促进全体人民共同富裕，坚决防止两极分化。

第三，中国式现代化是物质文明和精神文明相协调的现代化。物质富足、精神富有是现代化的根本要求。我们不断厚植现代化的物质基础，不断夯实人民幸福生活的物质条件，同时大力发展先进文化，加强理想信念教育，传承中华文明，促进物的全面丰富和人的全面发展。

图 16　立交桥

第四，中国式现代化是人与自然和谐共生的现代化。人与自然是生命共同体，无止境地向自然索取甚至破坏自然必然会遭到大自然的报复。我们坚持可持续发展，坚持节约优先、保护优先、自然恢复为主的方针，像保护眼睛一样保护自然和生态环境，坚定不移地走生产发展、生活富裕、生态良好的文明发展道路，实现中华民族的永续发展。

第五，中国式现代化是走和平发展道路的现代化。中国不走一些国家通过战争、殖民、掠夺等方式实现现代化的老路，那种损人利己、充满血腥罪恶的老路给广大发展中国家人民带来深重的苦难。我们坚定地站在历史正确的一边、站在人类文明进步的一边，高举和平、发展、合作、共赢旗帜，在坚定维护世界和平与发展中谋求自身的发展，又以自身的发展更好地维护世界的和平与发展。

中国实现现代化的条件是什么？我们认为有利条件包括：①新中国的成立打下了良好的政治基础。政治稳定，社会稳定，制定了正确的顶层设计和比较恰当的具体政策、方针。②人口规模大。人多力量大，人多能生产出更多的产品。庞大的人口带来强大的消费能力。③坚持改革开放。改革开放是决定当代中国前途命运的关键一招。改革开放为中国的现代化提供了动力和可以借鉴的经验。④基础设施是实现可持续发展的基础。如果没有互联互通的基础设施，那么就只会是一个地方或一个区域的经济实现增长，并不能把发展扩散到其他地区，特别是欠发达地区。

中国式现代化的伟大实践，走出了一条发展中国家实现现代化的崭新道路，中国式现代化打破了“现代化＝西方化”的迷思，为发展中国家走向繁荣富强提供了中国智慧和中国方案，也为世界提供了新的选择。中国式现代化表明各个国家发展模式不是单一的，而是多元的。发展是每个国家的正当权利，但是任何国家都不应盲目地照搬别国的发展模式，要立足本国的实际。中国式现代化给世界带来了新机遇。

思考题

1. 中国式现代化有哪些特点？
2. 中国式现代化对世界有什么意义？

七　高频汉字（Gāopín Hànzì）High-frequency Chinese Characters

（一）本课高频汉字

外　者　区　能　设　后　就　等　体　下　万　元

（二）读音、词性、经常搭配的词和短语

外	wài	名词	外面，外国，外界
者	zhě	代词	作者，读者，研究者
区	qū	名词	地区，区域，城区
能	néng	动词 / 名词	能不能，能力，能够；能源，电能，风能
设	shè	动词	设计，设备，设立
后	hòu	名词	之后，后面，后果
就	jiù	副词	一毕业就结婚
等	děng	动词 / 名词	等待，等候；等级，一等功
体	tǐ	名词	体育，体验，身体
下	xià	动词 / 名词	下来，下雨；天下，屋檐下
万	wàn	数词	万岁，八万，万事如意
元	yuán	名词	元旦，元宵

（三）书写笔顺

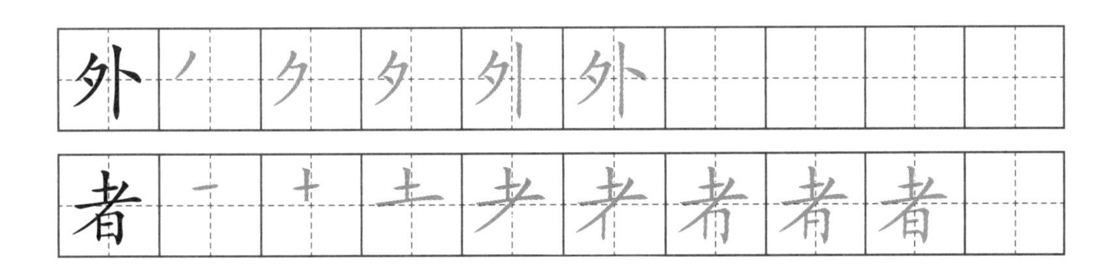

区	一			区					
能									
能									
设	丶	讠				设			
后		厂			后	后			
就	丶	亠				亠	亨	京	京
	就	就							
等	丿								
	等	等							
体	丿	亻	仁	什	休	体	体		
下	一	丁	下						
万	一	丂	万						
元	一	二	亓	元					

第9课
爆破工程

 对话（Duìhuà）Dialogue

A：什么是工程爆破？

B：工程爆破是一种利用炸药在岩石或其他硬质物体中产生爆炸，达到拆除或移动目的的过程。

A：炸药的威力如何计算？它与雷管有何关系？

B：炸药的威力通常通过爆炸能量和爆速来衡量。雷管是用来引爆炸药的装置，与导火索配合，能确保炸药在所需的时机和地点准确地爆炸。

A：什么是爆破坑？与内部爆破有何不同？

B：爆破坑是在爆破过程中形成的坑洞。内部爆破则是在建筑物或其他结构内部进行的爆破，通常用于拆除结构。两者的主要区别在于爆破的位置和目的不同。

A：什么是临空面和台阶状爆破？

B：临空面是指爆破岩体的自由表面。台阶状爆破则是按照一定的台阶形状设计的爆破方式，有助于更精确地控制爆破效果，特别是在开渠、筑坝或移山填谷等工程中。

A：浅孔爆破和深孔爆破有何不同？

B：在浅孔爆破中的孔深较浅，通常用于地表较软的岩层。深孔爆破则钻入较深的岩层，用于较硬或更深处的岩石。深孔爆破通常具有更大的破碎能力。

A：在爆破工程中，装药和出渣是什么？

B：装药是将炸药放入钻孔的过程。出渣则是爆破后清除爆破碎片和废物的过程，通常作为流水作业的一部分进行，以保持工程的进度。

A：在岩石爆破中，筑坝、开渠和移山填谷有何特殊的要求？

B：这些工程通常涉及大量的爆破作业，需要精确的计划和严格的安全控制。筑坝可能需要特定形状的爆破，开渠可能涉及连续爆破，而移山填谷则可能涉及大范围的地形改造。

A：在爆破的过程中，如何确保安全？

B：爆破工程的安全涉及许多方面，包括精确的计划、专业的操作、合适的炸药选择、安全距离的维护，以及严格的现场监控和紧急响应措施。

A：距离在爆破中起到什么作用？特别是在确保安全方面？

B：距离在爆破中非常关键，特别是要保持足够的安全距离以防止人员和设备受伤。此外，精确的距离计算还有助于确保爆破效果达到预期的目的。

A：在工程爆破中，有哪些常见的爆破方法和应用？

B：工程爆破中常用的方法包括钻孔爆破、浅孔和深孔爆破、台阶状爆破等。这些方法可应用于多种工程项目，如筑坝、开渠、移山填谷、道路建设等，确保工程能有效和安全地进行。

二 课文（Kèwén）Text

爆 破 工 程

爆破工程主要通过使用炸药的威力来实现岩石和其他坚硬物体的拆除或移动。在许多工程项目中，如筑坝、开渠、移山填谷等，爆破工程都是不可或缺的一环。爆破工程是一门复杂的工程学科，涉及多个方面的知识和技能。下面将详细介绍爆破工程的主要内容和要素。

爆破方法主要有钻孔爆破、内部爆破和台阶状爆破三种。钻孔爆破是一种常用的爆破方法，通过钻孔并在孔中装药，可以实现精确的爆破效果。根据钻孔深度，又可以分为浅孔爆破和深孔爆破。浅孔爆破主要应用于较软的岩层，而深孔爆破则适用于较硬或更深处的岩石。内部爆破主要用于建筑物或其他结构的拆除。通过在结构内部设置爆破孔，并精确计算装药量和点火时间，确保拆除的安全和准确。台阶状爆破是按照一定的台阶形状设计的爆破方式，用于更精确地控制爆破效果。此方法常用于开渠、筑坝或移山填谷等工程。

炸药、雷管和导火索是爆破工程中常用的工具。炸药提供所需的爆破能量；雷管用于引爆炸药；导火索则连接雷管和炸药，确保爆破的时机和地点。爆破工程的流程包括钻孔、装药、引爆和出渣等步骤。首先进行钻孔，根据需要选择浅孔或深孔；然后进行装药，将炸药精确地放置；引爆后进行出渣，清除爆破碎片和废物。这些步骤通常作为流水作业进行，确保效率。

图17 工程爆破

爆破工程的安全是至关重要的。需要严格遵守操作规程，保持足够的安全距离。确保人员、设备和附近结构的安全，防止意外伤害和损失。爆破工程广泛应用于筑坝、开渠、移山填谷、岩石开采等项目。通过科学地计算和精确地操作，能够实现目标的拆除或移动，为现代工程建设提供了强大的支持。

爆破工程是一门涉及多个方面的复杂学科，包括多种爆破方法、工具、流程和安全措施。通过对这些要素的理解和掌握，可以实现爆破工程的高效、准确和安全进行，为现代社会的发展和进步提供了坚实的基础。

生词与短语（Shēngcí yǔ Duǎnyǔ）
New Words and Expressions

工程爆破	gōngchéng bàopò	*NP.* engineering blasting
钻孔爆破	zuān kǒng bàopò	*VP.* drilling and blasting
炸药	zhàyào	*n.* explosives
爆破坑	bàopòkēng	*NP.* blast pit
内部爆破	nèibù bàopò	*NP.* nternal blasting
威力	wēilì	*n.* power
导火索	dǎohuǒsuǒ	*n.* fuse
雷管	léiguǎn	*n.* detonator
临空面	línkōngmiàn	*NP.* free surface
台阶状	táijiēzhuàng	*NP.* step shape
浅孔	qiǎnkǒng	*NP.* shallow hole
深孔	shēnkǒng	*NP.* deep hole
钻孔	zuānkǒng	*n.* drilling
装药	zhuāngyào	*n.* charging
出渣	chūzhā	*NP.* slag removal
流水作业	liúshuǐ zuòyè	*NP.* assembly line operation
岩石	yánshí	*n.* rocks
筑坝	zhùbà	*n.* damming
开渠	kāiqú	*n.* ditches
移山填谷	yí shān tián gǔ	*VP.* moving hills
安全	ānquán	*n.* safety
距离	jùlí	*n.* distance
安全距离	ānquán jùlí	*NP.* safe distance

四　注释（Zhùshì）Notes

（一）炸药与工程炸药

炸药是一类在化学反应中能迅速释放大量气体和热量的物质，这一过程通常伴随着爆炸。炸药的种类繁多，可以根据其化学性质、稳定性、爆炸特性和用途来分类。早期的炸药，如黑火药，由硝石、硫黄和木炭混合制成，爆炸力相对较弱。19 世纪中叶，诺贝尔发明了硝化甘油，标志着现代炸药时代的开始。此后，各种新型炸药相继被发明，如 TNT、C4、塑料炸药等。现代炸药的特点是威力大、稳定性好、易于运输和使用。炸药在军事和工业上都有广泛的应用。

工程炸药是指在工程建设中使用的炸药，主要应用于采矿、隧道开挖、道路建设、拆除建筑等领域。相较于军事炸药，工程炸药更注重控制爆炸的效果，确保爆炸的精确性和安全性。工程炸药的选择取决于工程的具体要求，如岩石的硬度、爆破规模和环境保护等因素。工程炸药的常见类型包括 ANFO（硝酸铵和燃料油混合物）、乳化炸药、水胶炸药等。这些炸药具有成本效益高、安全性好、易于运输和存储等优点。

（二）动态助词“过”

动态助词“过”是现代汉语中常用的一个词语，它具有多种句法功能和用法。在句子中，它能够表示过去的经历、经验，也可以表示过程的发生，具有一定的时态和语境依赖性。动态助词“过”常用来表示说话人或被谈论的人在过去曾经有过的经验或经历。它可以与动词连用，构成“动词＋过”的结构，强调某个动作在过去已经发生过。例如：

我去过巴黎。（I have been to Paris.）

他吃过日本料理。（He has eaten Japanese cuisine.）

她从未尝过如此美味的食物。（She has never tasted such delicious food.）

大学四年他谈过四次恋爱。（He has been in four relationships during

his four years of college.）

动态助词“过”在现代汉语中具有表示过去经历和经验、表示过程发生等多种句法功能。翻译的时候一般可以对应英语中的现在完成时或者过去完成时。在理解和使用中，需要根据具体语境来理解其所传达的意义。

五 练习题（Liànxítí）Exercises

1. 在进行 ________ 时，技术人员会先在岩石中钻孔以放置炸药。
2. 施工现场的安全管理非常重要，特别是在进行 ________ 的时候。
3. 为了实现有效的爆破，________ 是爆破工程中不可或缺的元素。
4. ________ 是用来引爆炸药的关键部分。
5. 在爆破工程中，需要特别注意 ________，以保证安全。
6. ________ 是在爆破前进行的准备工作，以确保爆破区域清洁。
7. 在 ________ 工程中，爆破技术常被用来快速移除大量的土石。
8. ________ 是爆破工程中的一项基本操作，需要精确地计算和执行。

六 中国国情与文化（Zhōngguó Guóqíng yǔ Wénhuà）Chinese National Conditions and Culture

2023 年联合国水大会

2023 年联合国水大会由荷兰和塔吉克斯坦联合主办，美国东部时间 2023 年 3 月 22 日至 24 日在纽约联合国总部举行，全面审查联合国“水促进可持续发展”国际行动十年目标中期执行情况。

本次会议的全称为“2023 年联合国水和环境卫生行动十年（2018—2028）执行情况中期全面审查会议”。各国领导人、部长、联合国系统高级代表，以及来自民间社会、青年、妇女和私营部门的 1200 多名代表齐聚纽约，努力提高人们对全球水危机的认识，决定采取协调一致的行动，以实现国际商定的与水有关的目标和指标。会议的五个主题是：

（1）以水促健康：获得安全饮用水、个人卫生和环境卫生。

（2）以水促发展：重视水资源、水—能源—粮食纽带和可持续经济与城市发展。

（3）以水调气候、提韧性、护环境：水是海洋、生物多样性、气候、韧性和减少灾害风险的源头。

（4）以水促合作：跨境及国际水合作、跨部门合作和 2030 年议程水目标。

（5）水行动十年：加快落实行动十年目标，包括联合国秘书长的行动计划。

荷兰水务特使亨克·奥芬克（Henk Ovink）和塔吉克斯坦总统水务特使苏尔顿·雷瑟里佐达（Sulton Rahimzoda）当天也出席了新闻发布会。两国均表示致力于将该会议作为一个分水岭，聚集所有部门的利益攸关方，打造全球发展势头以加快落实，提高影响力，推动应对水资源方面的广泛挑战。

塔吉克斯坦特使雷瑟里佐达强调："我们不需要一个发表大胆声明的会议。我们需要一个做出大胆承诺的会议，以及将这些承诺付诸行动的勇气。我们需要来自世界各地的政府、民间社会和私营部门甚至个人的承诺。"

水是生命之源，在保护人类健康和福祉、生产能源和粮食、维持生态系统健康、适应气候、减贫等方面都必不可少。

水也是可持续发展的核心，但是几十年来，水资源管理不善、使用不当，过度抽取地下水及污染淡水供应加剧了水资源紧张，导致与水有关的生态系统退化，对人类健康、经济活动以及粮食和能源供应造成了负面影响。

安全饮用水、环境卫生和个人卫生对人类健康至关重要，获得这些资源是一项基本人权。提供安全管理的饮用水、环境卫生和个人卫生可以帮助减少疾病传播、改善人类健康，促进教育，提高经济生产力。

然而世界上仍有数十亿人无法获得这些基本服务，每年有 80 多万人直接因水源不卫生、卫生设施不足以及个人卫生不佳引起的疾病而丧生。水资源是影响每个人的关键问题，需要采取紧急行动，确保可持续且公平地分配水资源，满足所有的需求。

从修建厕所到修复 30 万千米的退化河流，《水行动议程》记录了非政府组织、政府和私有部门作出的近 700 项承诺。这次为期 3 天的水事会议是自 1977 年以来首次召开的该议题高级别会议，约有万人参加。

世界资源研究所的查尔斯·艾斯兰德估计，这些承诺中“大约有三分之一可能会产生重大影响”，而不到三分之一拥有明确的资金来源。不过他表示，这已然是一个“良好的开端”。他呼吁每年召开一次水事会议。报道称，为了推动这一进程，会议呼吁任命一位联合国水问题特使。古特雷斯表示将考虑这一提议。

联合国秘书长 2023 年 3 月 24 日在近半个世纪以来首次举行的水事会议结束时表示，面对日益严重的水资源短缺，处于危险中的人类必须“改变方向”来管理这一“宝贵的共同财产”。这次会议带来了一些希望。安东尼奥·古特雷斯强调，水是“最宝贵的共同财产”，必须“成为全球政治日程的核心”。“在某种程度上，人类对未来的所有希望都取决于以科学为基础的方向转变，以让《水行动议程》具有生命力。”古特雷斯呼吁做出努力“改变局面”，让地球上人人都有水。《水行动议程》是根据这次会议上作出的承诺拟订的。

思考题

1. 2023 年联合国水大会的全称是什么？
2. 2023 年联合国水大会的关键议题是什么？

七 高频汉字（Gāopín Hànzì）High-frequency Chinese Characters

（一）本课高频汉字

社　过　前　面　农　也　得　与　说　之　员　而

（二）读音、词性、经常搭配的词和短语

社	shè	名词	社会，社区，社团
过	guò	动词	过去，经过，超过
前	qián	名词	前面，前方，前进
面	miàn	名词	面貌，面条，面对
农	nóng	名词	农民，农业，农村
也	yě	副词	也许，也是，也好
得	dé	动词	得到，获得，得劲
与	yǔ	连词	与其，给予，参与
说	shuō	动词	说话，说明，说服
之	zhī	代词	之间，之前，之后
员	yuán	名词	人员，员工，团员
而	ér	连词	而且，然而，因而

（三）书写笔顺

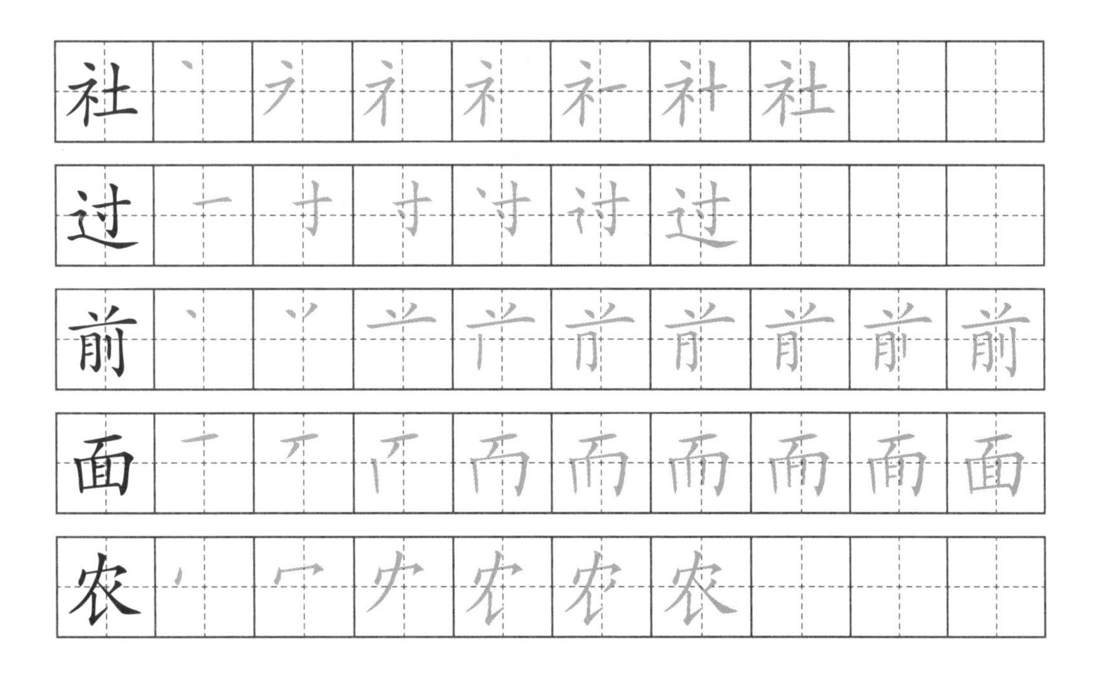

第 10 课
地基处理

 对话（Duìhuà）Dialogue

A：请问重力坝、拱坝和土石坝有什么区别？

B：重力坝主要依靠自身的重量来抵抗水的压力，一般用混凝土建造。拱坝则利用拱形结构将水的压力传递到两侧的岩层。土石坝则是用土石等材料堆积而成。三者在结构和材料方面有所不同。

A：坝基防渗是怎样实现的？

B：坝基防渗主要是通过混凝土灌浆和防渗帷幕等手段实现的。混凝土灌浆能够填充基岩的裂缝，而防渗帷幕则能够在坝基和岩层之间形成一个防水屏障，有效阻止水的渗透。

A：钢筋混凝土桩在地基处理中的作用是什么？

B：钢筋混凝土桩主要用于加强地基的承载能力。它们被打入地下，能够将上部结构的重量有效地传递到更坚硬的基岩层上，从而确保坝体的稳定。

A：如何处理大坝的坝基排水问题？

B：坝基排水通常通过设置排水系统来实现。这个系统能够有效地将坝基的积水排走，保持坝基干燥，从而降低渗漏的风险并确保大坝的稳定性。

A：土石坝的建造需要哪些特殊处理？

B：在建造土石坝时，需要对地基进行坚实的处理，并确保所用土石材料的质量。还要进行防渗处理，例如采用防渗帷幕等，确保水不会从土石缝隙中渗出。

A：拱坝的防渗措施有哪些？

B：拱坝的防渗措施通常包括混凝土灌浆以及在岩层和坝体之间设置防渗帷幕。灌浆可以填充裂缝，而防渗帷幕能够形成一个防水层。

A：重力坝的地基处理有哪些关键步骤？

B：重力坝的地基处理主要包括地基的清理、基岩的加固、钢筋混凝土桩的打设等，以确保地基的稳定性。此外，还需要进行坝基防渗和排水处理，防止渗漏。

A：钢筋的作用是什么？

B：钢筋主要用于加强混凝土的抗拉能力。在大坝结构中，钢筋与混凝土共同工作，能够提高结构的强度和耐久性，尤其在重力坝和拱坝的建造中起到关键作用。

图 18　坝基排水

A：混凝土灌浆在地基处理中的具体作用是什么？

B：混凝土灌浆主要用于填充地基中的裂缝和空隙。通过灌浆，可以加强基岩层的连通性和密实度，提高地基的整体承载能力，同时也起到防渗的作用。

A：在水电站大坝建设中，如何确保人员和结构的安全？

B：水电站大坝建设中的安全需要从地基处理开始把握。地基的稳固、坝基的防渗和排水、结构材料的选择和使用等都要严格地按照工程规范进行。同时，还要实施有效的监测和维护，及时发现和解决潜在的问题。

二 课文（Kèwén）Text

水电站大坝地基处理

水电站大坝地基处理不仅关系大坝的稳定性和安全，还影响整个水电站的运行效率。不同类型的大坝如重力坝、拱坝和土石坝，在地基处理上有其各自的特点和要求。

图 19　大坝地基建设

大坝地基的处理跟大坝的类型密切相关，大坝的类型主要有重力坝、拱坝和土石坝三种。重力坝由混凝土或砌石构成，依靠自身重量抵抗水压。对地基处理的要求较高。拱坝拱形结构，将水压传递到两侧岩层，需要确保岩层的稳固性。土石坝是由土、石堆砌而成，地基处理涉及坚实和防渗。

水电站大坝地基处理主要有三个环节。一是清理和整理地基。地基需经过清理和整理，去除疏松的土层、有机质、残留物等，以确保坝基的稳定性。二是钢筋混凝土桩的使用。钢筋混凝土桩用于加强地基，将上层结构的重量传递到坚硬的基岩层上。钢筋提供抗拉强度，混凝土则提供压缩强度。三是混凝土灌浆。混凝土灌浆是用于填补基岩裂缝和隙缝的方法，提高地基的密实性和坚固性。坝基防渗是水电站大坝地基处理的核心环节，涉及两个方面：一是防渗帷幕的设置。防渗帷幕用于阻止水从坝体下部渗漏，通常采用混凝土灌浆构成，与地下岩层结合紧密。二是坝基防渗措施。坝基防渗主要通过灌浆、防渗墙、排水沟等方式实现，确保坝基不受渗水的侵蚀。

在大坝的地基处理中，坝基排水是必要的一环。有效的坝基排水系统能保持坝基干燥，减少渗漏风险，增强大坝的稳定性。系统设计需要考虑坝基的地质条件、水流方向、排水量等因素。基岩和岩层的稳定性直接影响大坝的稳定。需要对基岩和岩层进行充分的勘测和分析，制订合适的处理方案。钢筋和混凝土是地基处理的主要材料。钢筋提供抗拉强度，混凝土则提供压缩强度。它们的质量和使用方法都对地基处理的效果产生直接的影响。

水电站大坝地基处理是一项涉及地质、材料科学、工程技术等多个领域的复杂工程任务。它要求精确的勘测、科学的设计和精湛的施工。通过合理地使用钢筋混凝土桩、灌浆、防渗帷幕等技术和材料，水电站大坝地基处理能够确保大坝的长期稳定和安全运行，为水电站的成功建设和运营奠定坚实的基础。这个过程不仅体现了现代工程技术的先进性，还对环保和社会经济的可持续发展起到了积极的推动作用。

生词与短语（Shēngcí yǔ Duǎnyǔ）New Words and Expressions

地基	dìjī	*n.* foundation
处理	chǔlǐ	*n.* treatment

重力坝	zhònglìbà	*NP.* gravity dam
拱坝	gǒngbà	*n.* arch dam
土石坝	tǔshíbà	*NP.* earth and rock dam
基岩	jīyán	*n.* bedrock
岩层	yáncéng	*NP.* rock formations
防渗帷幕	fángshèn wéimù	*NP.* anti-seepage curtain
钢筋混凝土桩	gāngjīnhùnníngtǔzhuāng	*NP.* reinforced concrete piles
坝基	bàjī	*NP.* dam foundation
坝基防渗	bàjī fángshèn	*NP.* dam foundation anti-seepage
坝基排水	bàjī páishuǐ	*NP.* dam foundation drainage
混凝土灌浆	hùnníngtǔ guànjiāng	*NP.* concrete grouting
地质勘探	dìzhì kāntàn	*NP.* geological survey
加固	jiāgù	*n.* reinforcement
地基稳定性	dìjī wěndìngxìng	*NP.* foundation stability
排水系统	páishuǐ xìtǒng	*NP.* drainage system

四　注释（Zhùshì）Notes

（一）水污染

水污染是指水体中有害物质的浓度超过正常水平，导致水的质量下降，不再适合饮用、农业、工业和其他用途。这种污染可能来自许多不同的源头，如工业排放、生活污水、农业化肥和农药的过量使用等。

工业排放往往含有重金属和有毒化学物质，如果直接排放到河流和湖泊中，那么有可能对水生生物和人体健康造成严重的危害。生活污水则可能含有大量的有害微生物，如果未经处理直接排入水体，会导致水源受到感染。农业中化肥和农药的过量使用也会对水体造成损害，因为它们可能会被雨水冲入河流和湖泊，从而导致藻类过度繁殖和水质恶化。

水污染不仅对人类的健康构成威胁，还可能破坏整个生态系统。当水体受到污染时，其中的鱼类和其他水生生物可能会因为毒素和缺氧而死亡。这样的连锁反应可能进一步影响以水生生物为食的陆地动物和鸟类。

解决水污染问题需要全社会共同努力。首先，政府需要制定和执行严格的水污染法规，确保所有的工业污水和生活污水在排放前得到适当的处理。其次，农民和园丁需要接受培训，以便更加合理地使用化肥和农药。此外，普通公民也可以通过减少水的浪费、不将油脂和有毒物质倒入下水道、参与河流和湖泊的清理活动等方式，为保护水资源作出贡献。水污染是一个复杂而紧迫的问题。通过科学研究、教育普及、法规监管和公众参与，我们可以减少水污染的风险，保护水资源，确保所有人都能享有清洁、安全的水。

（二）“是……的”句法功能与用法

“是……的”是现代汉语中常见的一种句式，用于强调句子中的特定信息。它可以用来表达时间、地点、人物、事物等不同内容，使句子更加生动、突出，引起听者或读者的注意。句法功能如下。

“是……的”句式的主要功能是强调句子中的某一信息，使其显得更为突出。该句式一般由“是”作谓语动词，后跟强调的内容，再加上“的”作为连接。通过这种结构，强调的信息被置于句子的首尾，增强了句子的语气，使之更具表现力。用法示例：

这西瓜是谁吃的？（Who ate this watermelon？）

我是2016年毕业的。（I graduated in 2016.）

我们是走路来的。（We came on foot.）

他们是在图书馆认识的。（They met at the library.）

这米饭是我做的。（I made this rice.）

这封信是什么时候寄来的？（When was this letter sent？）

那本书是在哪里买的？（Where was that book bought？）

这篇文章是谁编辑的？（Who edited this article？）

那家餐厅是什么时候开业的？（When did that restaurant open？）

“是……的”句式在现代汉语中常用于强调句子中的特定信息，可以强调时间、地点、人物、事物等内容。通过这种句式，表达者能够使所要强调的信息更加突出，为语言表达增添表现力。在实际应用中，可以根据需要灵活运用，使交流更加准确和生动。

五　练习题（Liànxítí）Exercises

1. 在开始建设之前，首先要对 ________ 进行详细的地质勘探。
2. 为了提高大坝的稳定性，工程师决定使用 ________ 来加固地基。
3. ________ 是一种常见的大坝类型，它依靠自身重量来抵抗水压。
4. 在施工过程中，________ 被用于填充并加强大坝结构。
5. 为了防止水的渗透，大坝的设计包括了一系列的 ________ 措施。
6. 为了加固地基，工程团队使用了 ________。
7. 在大坝建设中，________ 的施工是确保大坝稳固的关键步骤。
8. 大坝基坑很深，往往会出现积水。因此除了结构加固，________ 也是大坝地基处理中的一个重要环节。

六　中国国情与文化（Zhōngguó Guóqíng yǔ Wénhuà）Chinese National Conditions and Culture

打　捞　铁　牛[1]

在中国宋代（960—1179 年），黄河的一次洪水不仅冲断了河中府城外坚固的浮桥，还将用以稳固浮桥的八只庞大铁牛卷入河底，深埋于淤泥之中。洪水退去后，重建浮桥的任务迫在眉睫，如何将这些重达数吨的铁牛从河底捞出，成为了摆在众人面前的一道难题。

[1] 改编自明代冯梦龙所著的《打捞铁牛》。

此时，一位名叫怀丙的和尚挺身而出。他凭借深厚的物理学素养与卓越的工程智慧，提出了一个前所未有的解决方案。怀丙首先派遣精通水性之人潜入水底，精确定位了铁牛的位置。随后，他命人打造了两艘巨大的木船，在船舱内满载泥沙，缓缓驶向铁牛沉没的地方。

抵达目的地后，怀丙将两艘木船并排紧系，再用坚实的木料搭建起一座横跨两船的桥架。接着他再次利用水性高手，携带粗大的绳索潜入水底，将绳索的一端牢牢地绑在铁牛之上，另一端则固定在桥架上。

怀丙指挥水手们将船舱内的泥沙逐一铲出，投入黄河之中。随着泥沙的减少，木船在水的浮力作用下逐渐上升，而连接在桥架上的绳索则因铁牛的重量而愈发紧绷。在这个过程中，浮力原理得到了淋漓尽致的展现：水对木船产生的向上托力不仅支撑起了船身，还通过绳索传递给了河底的铁牛，将其缓缓地拔出淤泥。

当船舱内的泥沙被完全清空，铁牛也成功地脱离了河床的束缚。怀丙并未急于将铁牛直接拉上船，而是指挥水手们将木船划至岸边，再借助众多人力的协助，将铁牛稳稳地拖上了岸。就这样，怀丙利用浮力原理，成功地将八只笨重的铁牛逐一打捞上岸，展现了古代工程技术的非凡魅力。

思考题

1. 怀丙捞铁牛，做了哪四项准备工作?
2. 他是怎样把一只只铁牛捞起来的?

七 高频汉字（Gāopín Hànzì）High-frequency Chinese Characters

（一）本课高频汉字

务　利　电　文　事　可　种　总　改　三　各　好

（二）读音、词性、经常搭配的词和短语

务	wù	名词	服务，事务，公务
利	lì	名词 / 动词	利益，利润；利己，利国利民
电	diàn	名词	电话，电影，电视
文	wén	名词	文字，文化，文学
事	shì	名词	事情，事件，事实
可	kě	形容词	可以，可能，可爱
种	zhǒng/zhòng	量词 / 动词	一种，种类；种花，种草，种树
总	zǒng	形容词 / 名词	总数，总人口，总经理；李总，王总
改	gǎi	动词	改变，改正，改善
三	sān	数词	三个，三天，三角
各	gè	形容词	各种，各个，各自
好	hǎo	形容词	好吃，好看，好故事

（三）书写笔顺

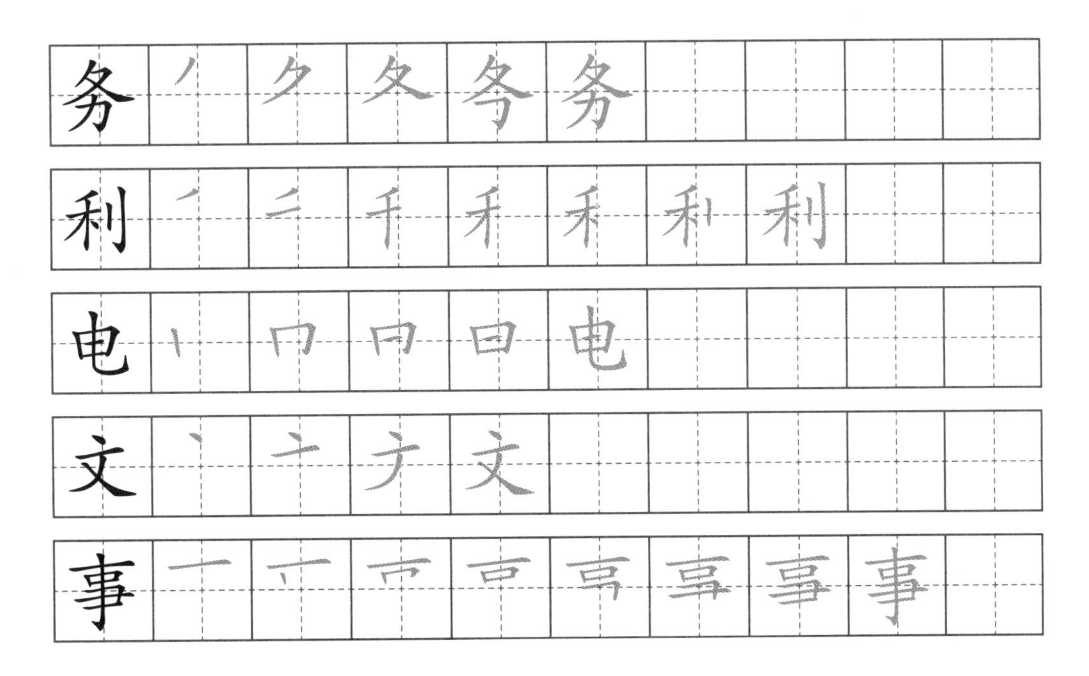

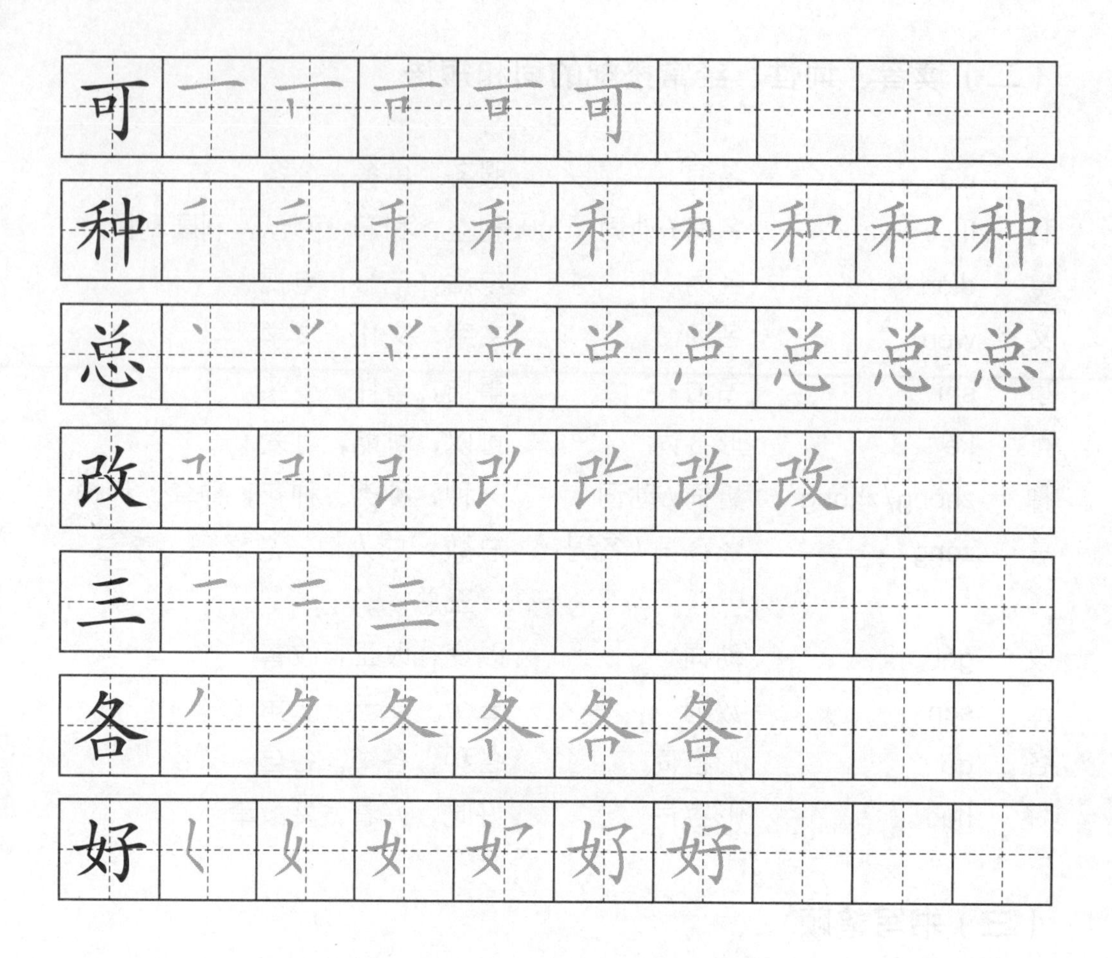

第 11 课
混凝土工程

 对话（Duìhuà）Dialogue

A：混凝土工程中使用的主要原料是什么？

B：混凝土工程的主要原料包括水泥、砂子、石子、钢筋和水。

A：如何保证混凝土的均匀搅拌？

B：通过精确的配料和使用专业的搅拌机进行充分搅拌，可以确保混凝土搅拌均匀。

图 20　混凝土

A：混凝土浇筑后如何确保强度呢？

B：混凝土浇筑后需要进行振捣，以消除气泡和确保混凝土的密实性。之后还需要进行适当的养护，如覆盖和浇水，以保持湿度并确保其强度和耐久性。

A：运输混凝土时需要注意什么呢？

B：运输混凝土时要注意速度和时间，避免混凝土凝固和分层，以确保其质量。

A：在混凝土工程中如何进行质量检查？

B：混凝土工程的质量检查涵盖原料选择、搅拌、浇筑、养护等各个环节，以确保工程的质量和安全性。

A：在混凝土工程中缺陷防治的主要方法是什么？

B：缺陷防治主要通过合理的设计、选材和施工方法，以及及时的质量检查，减少混凝土的缺陷。

A：搅拌混凝土时的水泥、砂子、石子和水的比例怎样确定呢？

B：混凝土的配料比例需要根据设计要求和具体工程需求精确地计算，以确保混凝土的强度、流动性和耐久性。

A：在混凝土的养护过程中，覆盖和浇水的目的是什么呢？

B：覆盖和浇水的目的是保持混凝土在初期硬化阶段的适当湿度，以确保其强度和耐久性。

A：在混凝土工程中常见的缺陷有哪些？如何防治？

B：混凝土工程中的常见缺陷有裂缝、空洞等。防治方法包括选用合适的原料、精确的配料、正确的搅拌和浇筑以及有效的养护等。

A：混凝土工程的振捣过程为何重要？它如何影响混凝土的质量？

B：振捣过程确保混凝土紧密、无空隙，有助于消除气泡和不均匀现象。不充分的振捣可能导致混凝土内部的空洞和强度不均，从而影响整体的质量。

 课文（Kèwén）Text

混凝土工程

混凝土工程是现代建筑工程的重要组成部分，涵盖了从原料选择、配料、搅拌、运输、浇筑、振捣到养护等一系列流程。下面将详细介绍混凝土工程的各个环节，以及如何确保混凝土的质量和缺陷的防治。

图 21　混凝土施工

混凝土需要哪些原料？混凝土的主要原料包括水泥、砂子、石子、水和钢筋等。水泥作为黏合剂，将其他原料连接在一起。砂子和石子是骨料，提供混凝土的强度和稳定性。水与水泥反应，使其硬化并赋予混凝土流动性。钢筋用于加强混凝土的抗拉性能。

混凝土工程要考虑不同的气象条件、施工目的等，施工前要准确测量各种原料的比例，保证混凝土的性能。将各种原料放入搅拌机中进行搅拌，确保混合均匀。混凝土的性能在很大程度上取决于各原料的配比。配料不仅要保证各原料的质量，还需要准确地控制好比例。否则，可能导致混凝土出现强度、耐久性等方面的缺陷。在搅拌过程中，要确保各原料充分地混合均匀，防止混凝土强度的不均匀。此外，搅拌时间也需要控制得当。搅拌时间过短或过长都会影响混凝土的性能。

混凝土的运输与浇筑。混凝土搅拌完成后，需要迅速运输到施工现场，避免凝固和分层。将混凝土浇入模板，在这个过程中要注意混凝土的倾倒高度和速度，避免空气混入而产生气泡。振捣则是确保混凝土紧密、无空隙的关键步骤。混凝土的养护也是一个重要的环节。养护包括覆盖保湿和浇水等，目的是保证混凝土在初期硬化阶段保持适当的湿度，以确保其强度和耐久性。

混凝土工程是一项复杂的工程任务，涉及许多技术细节和工程实践。从原料选择到施工过程，每个环节都需要精确控制和严格监管。只有全面掌握混凝土的性能和工程要求，才能确保混凝土工程的质量和持久性，满足现代建筑工程的需求。同时，混凝土工程的成功还取决于科学的设计理念、先进的施工技术和严密的质量管理体系。

生词与短语（Shēngcí yǔ Duǎnyǔ）New Words and Expressions

混凝土	hùnníngtǔ	*n.* concrete
原料	yuánliào	*NP.* raw materials
水泥	shuǐní	*n.* cement
砂子	shāzi	*n.* sand
石子	shízǐ	*n.* gravel
钢筋	gāngjīn	*NP.* steel bars
水	shuǐ	*n.* water
配料	pèiliào	*n.* batching
搅拌	jiǎobàn	*n.* stirring
搅拌机	jiǎobànjī	*n.* mixer
运输	yùnshū	*n.* transport
覆盖	fùgài	*n.* covering
浇水	jiāo shuǐ	*n.* watering
冲毛	chōngmáo	*n.* flushing
振捣	zhèndǎo	*n.* vibrating
拆模	chāimó	*n.* demoulding
质量检查	zhìliàng jiǎnchá	*NP.* quality inspection
缺陷防治	quēxiàn fángzhì	*NP.* defect prevention

四 注释（Zhùshì）Notes

（一）不和没

现代汉语中“不”和“没”的用法比较

在现代汉语中，“不”和“没”都是表示否定的副词，但它们在用法上有一些区别和分工。下面将分别解释它们的用法，通过例子进行说明。

1. “不”的用法

“不”表示否定，常用于动词前、形容词前、名词前等位置，用来表示某种情况不成立，动作未发生或不具备某种性质。在动词前表示动作的否定。

他不喜欢吃辣的食物。（He doesn’t like spicy food.）

她不会游泳。（She doesn’t know how to swim.）

在形容词前表示性质的否定。

这个问题不难。（This problem is not difficult.）

这件衣服不漂亮。（This dress is not pretty.）

2. “没”的用法

“没”通常用于动词前，表示动作未发生或不存在，是“没有”的缩略形式。在动词前表示动作的否定。

他没吃早饭。（He didn’t have breakfast.）

我们没去电影院。（We didn’t go to the cinema.）

3. 区别与比较

第一，体现在时间上。“不”通常没有时间限制，可以用来否定任何时态的动作。“没”则表示过去某个时间点或时间段内的动作未发生。例如：

他不听音乐。（He doesn’t listen to music.）

他昨天没来。（He didn’t come yesterday.）

第二，体现在是不是客观事实。“不”倾向于表达个人意愿，可以指主观上的不愿意，也可以用来否定经常性的行为。“没”往往是说客观事实上的没发生、没有。

昨天是他自己不去，不是我们不让他去。（Yesterday，he didn’t go on his own accord，it wasn’t that we didn’t let him go.）

他不吸烟也不喝酒。（He neither smokes nor drinks alcohol.）

昨天他生病了，没去上班。（He was sick yesterday and didn’t go to work.）

“没”是“没有”的缩略形式，只能用于动词前，而“不”可以用于动词、形容词。“不”和“没”在现代汉语中都用来表示否定，但它们在用法上有一些细微的区别。根据具体的语境和需要，选择合适的否定副词可以使句子更加准确、自然。

（二）又和再

现代汉语中“又”和“再”的用法比较

在现代汉语中，“又”和“再”都是表示副词，用来描述动作的重复发生。虽然它们都与动作的重复有关，但是在用法上有一些区别和分工。下面将分别解释它们的用法，并通过例子进行说明。

1.“又”的用法

“又”表示过去发生的动作或状态再次重复出现，可以用于过去、现在和将来时态。它常常与过去的事实相关，突出动作的重复性或再次发生。过去时态中的用法：

他昨天又迟到了。（He was late again yesterday.）

她又忘了带手机。（She forgot her phone again.）

现在时态中的用法：

他又开始学习弹吉他了。（He started learning to play the guitar again.）

她又把房间弄得一团糟。（She made the room messy again.）

将来时态中的用法：

明天他又要去出差。（He will go on a business trip again tomorrow.）

下个月他又要搬家了。（He will move again next month.）

2. “再”的用法

“再”表示动作或状态的重复发生，强调次数或频率的增加，通常用于未来时态。它常常与将来的计划或行动相关。将来时态中的用法：

我们明天再讨论这个问题。（Let's discuss this issue again tomorrow.）

请稍等一下，我再给你一份文件。（Please wait a moment，I will give you another copy of the document.）

3. 区别与比较

第一是使用的句子的时态不同。“又”可以用于过去、现在和将来时态，而“再”通常用于将来时态，强调动作的重复发生和次数增加。第二是重复性。“又”强调过去动作的再次发生，与过去的事实相关；“再”强调未来动作的重复发生，与未来的计划或行动相关。第三是使用的语境不同。“又”更常用于描述已经发生过的事情的再次发生；“再”更常用于表达将来的计划或行动的重复性。

五　练习题（Liànxítí）Exercises

1. 为了制作混凝土，首先需要将 ________、砂子、石子和水按照正确比例配料。
2. 在搅拌站，________ 用于均匀混合混凝土的各种成分。
3. 施工现场的工人正在对 ________ 进行浇筑。
4. 为了确保混凝土结构的稳定性，工人在浇筑前对 ________ 进行了精心的绑扎。
5. 浇筑完毕后，混凝土需要进行 ________ 以确保其正确硬化。

6. 为了保证混凝土的质量，工程师进行了仔细的 ________。
7. 混凝土在固化过程中需要定期进行 ________ 以防止裂缝。
8. 一旦混凝土达到一定强度，工人将开始 ________ 操作。

六 中国国情与文化（Zhōngguó Guóqíng yǔ Wénhuà）Chinese National Conditions and Culture

中国与阿拉伯国家合作进入新阶段

中国和阿拉伯国家之间的关系源远流长，可以追溯到 2000 多年前的古丝绸之路。在漫长的历史长河中，中国同阿拉伯国家走在了古代世界各民族友好交往的前列。2022 年 12 月，中华人民共和国外交部发表《新时代的中阿合作报告》。首届中国与阿拉伯国家峰会于 2022 年 12 月 9 日在沙特召开，这是中阿关系史上具有里程碑意义的大事，也把中阿合作推到一个全新的高度。自 2012 年以来，中阿战略伙伴关系持续取得新进展、共建“一带一路”不断迈上新台阶。

（一）战略互信持续深化

中国同埃及（2014 年）、阿尔及利亚（2014 年）、沙特阿拉伯（2016 年）、阿联酋（2016 年）等 4 国建立了全面战略伙伴关系，同卡塔尔（2014 年）、伊拉克（2015 年）、约旦（2015 年）、苏丹（2015 年）、摩洛哥（2016 年）、吉布提（2017 年）、阿曼（2018 年）、科威特（2018 年）等 8 国建立了战略伙伴关系。支持彼此维护核心利益。中国和阿拉伯国家都主张尊重主权独立和领土完整、互不侵犯、互不干涉内政、平等互利、和平共处，都反对外部干涉，反对一切形式的霸权主义和强权政治，都主张尊重和支持各国根据其国情和国力自主选择发展道路。携手捍卫国际关系准则。

（二）劝和促谈，维护和平

面对中东地区错综复杂的矛盾和纷争，中国积极发挥负责任大国作用，积极践行共同、综合、合作、可持续的新安全观，与阿拉伯国家加强沟通协调，共同推动热点问题政治解决。在巴勒斯坦问题、叙利亚问题、也门问题、伊拉克问题、利比亚问题、苏丹问题等问题上坚持争议立场，坚持提供力所能及的帮助。

（三）务实合作，生机勃发

（1）经贸和投资再上台阶。中国同阿拉伯国家合作坚持互利共赢，积极推进贸易投资便利化，带动中阿双向投资和经贸实现倍数级增长。2021 年，中阿双向直接投资存量达到 270 亿美元，比 10 年前增长 2.6 倍；中阿贸易额达到 3303 亿美元，比 10 年前增长 1.5 倍；2022 年前三季度，中阿贸易额达 3192.95 亿美元，同比增长 35.28%，接近 2021 年全年水平。

（2）能源合作日益深化。中阿积极打造互惠互利、长期友好的中阿能源战略伙伴关系，共同构建油气牵引、核能跟进、清洁能源提速的中阿能源合作格局。在传统能源领域，中阿“油气 +”合作模式深入推进，形成石油、天然气勘探、开采、炼化、储运能全产业链合作，建设了沙特延布炼厂等一系列旗舰项目。

（3）高新合作向上突破。中阿双方在中阿科技伙伴计划框架下，共同实施“一带一路”科技创新行动计划，充分利用中国的技术优势，发挥高新技术驱动作用。在 5G 通信领域，中国公司成为阿拉伯国家 5G 通信领域关键合作伙伴，在埃及、沙特、阿联酋、阿曼、巴林等国占据较高的市场份额。在核能领域，中国企业与阿联酋、沙特、苏丹等国签署了和平利用核能协定，在铀矿勘探、核燃料供应、核电站运维等领域达成合作意向。在航天卫星领域，中国同阿拉伯国家建立中阿北斗合作论坛合作机制，在突尼斯落成北斗卫星导航系统首个海外中心——中阿北斗 /GNSS 中心。中国同阿尔及利亚、苏丹、埃及、沙特等国签署航天卫星领域多个合作文件，成功地将阿尔及利亚一号通信卫星、“沙特—5A/5B”卫星、苏丹科学实验卫星一号等发射升空。

（四）人文交流，丰富多彩

扩大人文交往，增进民心相通。中阿在青年、宗教、政党、新闻、教育、文化、卫生和广播影视等领域开展了丰富多彩的合作，扩大了人文交流，深化了相互理解。2013 年以来，中国已为阿拉伯国家培训各类人才 2.5 万人，向阿拉伯国家提供约 1.1 万个政府奖学金名额，派出医疗队 80 批次，医疗队员近 1700 人次。截至 2022 年 10 月，已有 4 个阿拉伯国家宣布将中文纳入国民教育体系，15 个阿拉伯国家在当地开设中文院系，13 个阿拉伯国家建有 20 所孔子学院、2 个独立孔子课堂。2018 年至 2019 年，阿拉伯国家入境中国内地人次均超 34 万人 / 年，在华阿拉伯留学生均超 2 万人 / 学年。

思考题

1. 中国与阿拉伯国家合作的具体领域有哪些？
2. 中国与阿拉伯国家开展合作的基础是什么？

七 高频汉字（Gāopín Hànzì）High-frequency Chinese Characters

（一）本课高频汉字

金　第　司　其　从　平　代　当　天　水　省　提

（二）读音、词性、经常搭配的词和短语

金　jīn　名词　金钱，黄金，真金白银

第	dì	序数词前缀	第一，第二，第三
司	sī	动词	司机，司法，司令
其	qí	代词	其他，其中，其实
从	cóng	介词	从此，从小，从南方飞来一群大雁
平	píng	形容词	平地，平稳，平均
代	dài	动词 / 名词	代替，代表；时代，年轻一代
当	dāng	动词	当班，当官
天	tiān	名词	天空，天气，明天
水	shuǐ	名词	海水，饮水，纯净水
省	shěng	名词 / 动词	省会，省城；节省，省略
提	tí	动词	提醒，提高，提拔

（三）书写笔顺

金

第

司

其

从

平

代	丿	亻	仁	代	代				
当	丨	丨丶	⺌	当	当	当			
天	一	二	チ	天					
水	亅	刁	氺	水					
省	丨	小	小	少	少	省	省	省	省
提	一	十	扌	扌	扌	扌	捍	捍	捍
捍	捍	提							

第12课 地下建筑工程

 对话（Duìhuà）Dialogue

A：地下建筑工程主要包括哪些类型的结构？

B：地下建筑工程主要包括地下厂房、平洞、隧道、竖井和斜井等结构。

A：在地下建筑工程中，测量的作用是什么？

B：测量在地下建筑工程中用于确定结构的准确位置和尺寸，它有助于确保工程的精度和质量。

A：开挖断面和全断面隧道掘进机有何不同？

B：开挖断面通常采用传统的开挖和支护方法，而全断面隧道掘进机则可以一次性完成整个隧道断面的开挖和初步支护，提高了效率和质量。

A：请描述喷混凝土支护和锚杆支护在地下建筑工程中的应用。

B：喷混凝土支护通过将混凝土喷射到洞壁上来增强其稳定性，而锚杆支护则是通过安装锚杆来固定洞壁，两者常常结合使用，以增强支护效果。

A：什么是竖井和斜井？它们在地下建筑中的作用是什么？

B：竖井是垂直于地面的开挖结构，斜井则是与地面呈一定角度的开挖结构。它们主要用于人员、物料的运输和通风。

A：如何进行地下建筑的开挖和出渣工作？

B：地下建筑的开挖通常涉及钻孔、爆破等步骤，然后使用挖掘机械或人工方式进行出渣，即将挖掘出的土石等物料清除。

A：在地下隧道工程中，通风洞的作用是什么？

B：通风洞在地下隧道工程中用于确保隧道内的空气流通，减少有害气体的积聚，提供良好的工作环境。

A：喷锚支护在地下建筑工程中有什么重要性？

B：喷锚支护通过喷射锚杆和混凝土到洞壁，可以迅速提供临时支撑，增加洞壁的稳定性，是地下建筑工程中一种常用的支护方法。

A：交通洞在地下工程中有什么作用？

B：交通洞用于连接地下空间的不同部分，提供人员和物料的通道，确保地下工程的流畅运作。

A：衬砌在地下建筑工程中有什么重要性？

B：衬砌是地下建筑工程中用来支撑洞壁的结构，通过使用混凝土或其他材料，它有助于防止洞壁的倒塌和渗漏，确保工程的稳定和安全。

二 课文（Kèwén）Text

地下建筑工程

地下建筑工程是一个复杂和多样化的领域，涵盖了地下厂房、平洞、隧道等多种结构类型。它需要运用精确的测量技术、开挖技术、衬砌技术等。下面将详细地介绍地下建筑工程的各个方面。

一是地下结构类型。地下结构的类型主要包括地下厂房、平洞和隧道、竖井和斜井等。地下厂房主要用于工业生产、商业、停车等用途，通过合理的设计和施工，可以充分利用城市地下空间。平洞用于地下通道，连接地下空间；隧道则连接城市的不同部分，常用于地下铁路、公路等。竖井和斜井用于人员、物料的运输，斜井与地面呈一定角度，功能与竖井相似。

二是地下工程的工程与技术。地下工程的工程与技术包括测量、开挖和出渣、衬砌和洞壁支护、通风洞和交通洞等。测量是确定结构位置和尺寸的基础，对整个工程的准确性至关重要。地下结构的开挖需要复杂的计划和执行，涉及钻孔、爆破等步骤。出渣则是将挖掘出的土石等物料及时清除。衬砌是隧道、洞室的结构支撑，洞壁支护则采用喷锚支护和锚杆支护等方法。通风洞保障隧道内空气的流通，交通洞连接地下空间的不同部分。开挖断面是传统的开挖方式，全断面隧道掘进机能一次完成整个隧道断面的开挖和支护，在地质条件许可的情况下全断面隧道掘进机能大大地提高了工程效率和安全系数。

三是安全和效率考虑。地下建筑工程涉及多个风险因素，如洞壁的稳定性、有害气体的积聚等。因此，安全措施和质量检查是至关重要的。工程效率也是重要的考虑因素。

图 22　隧道铁轨

地下建筑工程是一项复杂而精密的工程领域。从地下厂房的设计、平洞的开挖、隧道的衬砌，到竖井、斜井的建造，每一个环节都需要精确的计划和执行。通过现代工程技术和方法，人们已经能够安全、高效地开发和利用地下空间，满足城市发展、工程建设的多元化需求。

 生词与短语（Shēngcí yǔ Duǎnyǔ）New Words and Expressions

地下	dì xià	*n.* underground
地下厂房	dì xià chǎngfáng	*NP.* underground facility
平洞	píngdòng	*NP.* flat hole

隧道	suìdào	*n.* tunnel
测量	cèliáng	*n.* measurement
竖井	shùjǐng	*n.* shafts
斜井	xiéjǐng	*NP.* inclined shafts
衬砌	chènqì	*n.* linings
洞壁	dòngbì	*NP.* cave walls
喷锚支护	pēnmáo zhīhù	*NP.* shotcrete support
通风洞	tōngfēngdòng	*NP.* ventilation tunnels
交通洞	jiāotōngdòng	*NP.* traffic tunnels
爆破	bàopò	*n.* blasting
开挖断面	kāiwā duànmiàn	*NP.* excavation section
全断面隧道掘进机	quánduànmiàn suìdào juéjìnjī	*NP.* full-face tunnel boring machine (Tunnel Boring Machine, TBM)
喷混凝土支护	pēnhùnníngtǔ zhīhù	*NP.* shotcrete support
锚杆支护	máogān zhīhù	*NP.* bolt support

四 注释（Zhùshì）Notes

（一）“二”和“两”

现代汉语中“二”和“两”的用法比较

在现代汉语中，“二”和“两”都表示数量，但是它们在用法上有一些区别和分工。下面将分别解释它们的用法，并通过例子进行说明。

1. “二”的用法

“二”是数字“2”的正式写法，通常用于书面语和正式场合，表示具体的数字 2。它在口语中使用较少，更常见于数字、日期、编号等场景。数量和顺序的表达：

昨天 102 名同学参加了这次讲故事大赛。（Yesterday，102 classmates participated in this storytelling competition.）

不好意思，这次篮球比赛结果是我们班第一，你们班第二。（Sorry，our class came first in the basketball game this time，and your class came second.）

日期的表达：

我们将在二月十五日举行会议。（We will hold a meeting on February 15.）

他的生日是二零零一年四月三日。（His birthday is April 3，2001.）

2. “两”的用法

“两”表示数量为 2，通常用于口语和日常对话中，作为较为常见的表达方式。后面常常加上量词，变成例如“两个”“两种”“两批”等。数量表示：

我们需要买两本教材。（We need to buy two textbooks.）

请给我两个苹果。（Please give me two apples.）

他们结婚已经两年了。（They have been married for two years.）

金额表示：

这本书卖了两百元。（This book costs 200 yuan.）

我们去餐馆吃饭花了两百元。（We spent 200 yuan at the restaurant.）

3. 区别与比较

一是使用环境的不同。“二”通常用于正式场合和书面语，而“两”更常见于口语和日常对话中。二是使用范围有差异。“二”可以用于数字、日期、编号等场景，而“两”用于一般数量表示，也可以加上“百”后用于表示 200。

（二）“才”和“就”

现代汉语中“才”和“就”的用法比较

在现代汉语中，“才”和“就”都是副词，用来表示时间、程度、顺序等不同的含义。尽管它们都是副词，但是在用法上却有一些区别和分工。下面将分别解释它们的用法，并通过例子进行说明。

1.“才”的用法

“才”用来表示时间上的晚于预期或延迟，强调动作或事件发生的时间较晚。它还可以表示程度上的低于期望或标准，强调某种程度较低。

表示时间延后：

我十点钟才起床。（I got up at 10 o’clock.）

她晚上八点才回家。（She didn’t come home until 8 o’clock in the evening.）

表示程度较低：

这本书太难了，我才读了几页就放弃了。（This book is too difficult. I gave up after reading only a few pages.）

他才说了几句话，就没声了。（He only said a few words and then fell silent.）

2.“就”的用法

“就”用来表示时间上的早于预期或提前，强调动作或事件发生的时间较早。它还可以表示程度上的高于预期或标准，强调某种程度较高。

表示时间提前：

我八点钟就起床了。（I got up at 8 o’clock.）

他早上七点就出发了。（He set off at 7 o’clock in the morning.）

表示程度较高：

这个问题太简单了！我用几分钟就解决了。（This problem is too easy! I solved it in just a few minutes.）

他就会弹钢琴，还会画画。（He can not only play the piano but also draw.）

3. 区别与比较

第一是时间上的早与晚。“才”强调时间的延后，强调动作或事件的时间较晚；"就"强调时间的提前，强调动作或事件的时间较早。第二是程度上的不同。"才"强调程度的低于预期，强调某种程度较低；"就"强调程度的高于预期，强调某种程度较高。第三是使用的语境不同。"才"通常用于描述相对较晚发生的动作或程度较低的情况；"就"通常用于描述相对较早发生的动作或程度较高的情况。这里的时间上的早与晚、程度上的高与低是跟说话人心里的预期相比较的。

五　练习题（Liànxítí）Exercises

1. 在建设水电站时，________ 是关键的结构之一。
2. 工程团队正在对 ________ 进行开挖工作。
3. 为了保证地下结构的安全，工程师决定在隧道中使用 ________ 进行加固。
4. 在施工过程中，地下工程的 ________ 是一个重要的步骤。
5. 为了确保地下工程通风良好，需要建设专门的 ________。
6. 在地下工程中，________ 用于连接不同的地下结构。
7. 为了快速有效地挖掘隧道，工程团队使用了 ________。
8. 在地下建筑工程中，及时进行 ________ 工作对于保持施工进度至关重要。

六　中国国情与文化（Zhōngguó Guóqíng yǔ Wénhuà）Chinese National Conditions and Culture

中国与中亚国家

中亚是指位于亚洲中部的五个国家，包括哈萨克斯坦、乌兹别克斯坦、塔吉克斯坦、吉尔吉斯斯坦和土库曼斯坦。这些国家均位于亚洲大陆的内陆地区，地理位置独特，拥有丰富多样的地貌和自然资源。

中亚国家的自然资源丰富多样，包括石油、天然气、矿产、水资源和农业资源等，这些资源对于该地区的经济发展和能源供应对于中亚国家的经济发展和能源供应具有重要意义。石油和天然气资源的开采和出口为这些国家带来了巨大的经济收入，同时也促进了相关产业的发展，如炼油、化工等。矿产资源的开采和加工为中亚国家提供了重要的原材料，支持了金属工业、建筑材料等领域的发展。

水资源的合理利用对于中亚国家的农业生产至关重要，灌溉系统的建设和管理有助于提高农作物的产量和品质。此外，水电是中亚国家的重要能源来源，通过水力发电站的建设和运营，实现了清洁能源的利用。

农业资源和草原资源在中亚国家的食品安全和农产品出口中发挥着重要的作用。农业生产提供了就业的机会，增加了农民的收入。同时，草原资源也为畜牧业提供了丰富的食物和草料，支持了畜牧业的发展。

2023 年 5 月 18 日至 19 日，中国 – 中亚峰会在中国陕西省西安市举办。2023 年 5 月 19 日上午，国家主席习近平在陕西省西安市主持首届中国 – 中亚峰会并发表题为《携手建设守望相助、共同发展、普遍安全、世代友好的中国 – 中亚命运共同体》的主旨讲话。

习近平在讲话中指出，西安是中华文明和中华民族的重要发祥地之一，也是古丝绸之路的东方起点。千百年来，中国同中亚各族人民一道推动了丝绸之路的兴起和繁荣，为世界文明交流交融、丰富发展作出了历史性贡献。中国同中亚国家关系有着深厚的历史渊源、广泛的现实需求、坚实的民意基础，在新时代焕发出勃勃生机和旺盛活力。

世界需要一个稳定的中亚。中亚国家主权、安全、独立、领土完整必须得到维护，中亚人民自主选择的发展道路必须得到尊重，中亚地区致力于和平、和睦、安宁的努力必须得到支持。

世界需要一个繁荣的中亚。一个充满活力、蒸蒸日上的中亚，将实现地区各国人民对美好生活的向往，也将为世界经济复苏发展注入强劲动力。

世界需要一个和谐的中亚。团结、包容、和睦是中亚人民的追求。任何人都无权在中亚制造不和、对立，更不应该从中牟取政治私利。

世界需要一个联通的中亚。中亚有基础、有条件、有能力成为亚欧大陆重要的互联互通枢纽，为世界商品交换、文明交流、科技发展作出中亚贡献。

在峰会期间，中国同中亚五国达成系列合作共识。这些共识和倡议包括：成立中国 – 中亚元首会晤机制，在重点优先合作领域成立部长级会晤机制，研究成立中国 – 中亚机制常设秘书处的可行性。完成中吉乌铁路可研工作、推进该铁路加快落地建设，保障中吉乌公路畅通运行，实现中塔乌公路和“中国西部 – 欧洲西部”公路常态化运营。搭建中国 – 中亚外长会晤机制、中国 – 中亚经贸部长会议机制、中国 – 中亚产业与投资部长级会晤机制、中国 – 中亚农业部长会晤机制等多边合作平台。峰会共达成了 82 项成果。峰会具有重要意义，具体如下。

深化区域合作。中亚地区作为中国的重要邻国，具有巨大的合作潜力。中亚峰会为各国领导人提供了一个平台，讨论共同关心的议题，加强区域合作，寻找共同发展的机会。

经济合作。中亚地区拥有丰富的自然资源和地缘优势，与中国的互补性强。中国与中亚国家之间的经济合作在贸易、投资、能源、基础设施建设等领域具有重要意义。峰会为双方领导人提供了讨论和推动经济合作的机会。

促进地区稳定与安全。中亚地区面临一些共同的挑战，如恐怖主义、跨国犯罪、边境安全等。通过峰会，中国和中亚国家可以加强在安全领域的合作，共同应对这些挑战，维护地区的稳定与安全。

加强人文交流。中亚地区与中国有着深厚的历史文化联系。中亚峰会为两国之间的文化、教育、旅游等领域的交流与合作提供了平台。这有助于加深人民之间的相互了解和友谊，推动人文交流的发展。

思考题

1. 中亚有哪几个国家？
2. 2023 年 5 月 18 日到 19 日召开的中国 – 中亚峰会达成了哪些主要成果？
3. 中国与中亚国家加强合作具有哪些意义？

七 高频汉字（Gāopín Hànzì）High-frequency Chinese Characters

（一）本课高频汉字

商　十　管　内　小　技　位　目　起　海　所　立

（二）读音、词性、经常搭配的词和短语

商	shāng	名词	商业，商量，商店
十	shí	数词	十一，十分，十月
管	guǎn	动词 / 名词	管理，管家；管道，水管
内	nèi	名词	内容，内部，国内
小	xiǎo	形容词	小心，小孩，大小
技	jì	名词	技术，技能，技巧
位	wèi	量词 / 名词	一位；座位，位于，位置
目	mù	名词	眉目，目标，目前
起	qǐ	动词	起床，起来，起源
海	hǎi	名词	海洋，海边，海鲜
所	suǒ	介词	所有，所以，所在
立	lì	动词	起立，成立，建立

（三）书写笔顺

商　丶　亠　亠　立　产　产　商　商　商　商

商　商

十
管
内
小
技
位
目
起
海

所	㇒	𠂆	戶	户	户´	所	所	所	
立	丶	亠	亣	立	立				

第 13 课 水闸与船闸

 对话（Duìhuà）Dialogue

（一）水　闸

A：请问水闸的主要结构包括哪些部分？

B：水闸的主要结构包括闸室、上游连接段、下游连接段、底板、闸门、启闭机、闸墩和翼墙等部分。

A：闸门的作用是什么？如何操作闸门？

B：闸门用于控制水流的通行。通过启闭机，可以方便地打开或关闭闸门，从而控制水位和流量。

A：护坡和防冲槽在水闸工程中有什么作用？

B：护坡用于保护水闸两侧的土壤不被侵蚀，确保堤岸的稳定；防冲槽是用来减缓水流对下游地区的冲击，防止对结构造成破坏。

A：什么是护底和铺盖消力池？它们在水闸中扮演什么角色？

B：护底是一种保护水闸底部不受侵蚀的措施，铺盖消力池则是一种用来消减水流冲击力的结构。它们共同保护水闸结构的完整性和稳定性。

A：请解释一下什么是海漫。

B：海漫是指水位上升到一定高度时溢出堤岸，形成的一种水流现象。在水闸工程中，必须采取措施防止海漫，以确保周边地区的安全。

A：水闸的启闭机有什么特点？

B：启闭机是用于控制水闸闸门开启和关闭的设备，可以手动或自动操作。它具有操作方便、反应迅速的特点，是水闸工程中的关键组件。

A：护坦在水闸工程中起到了什么作用？

B：护坦主要用于减缓水流对水闸结构的侵蚀作用，保护闸墩、翼墙等部分不受冲击和侵蚀，从而确保整个水闸结构的稳定和安全。

A：如何确保水闸的安全运行?

B：水闸的安全运行需要通过严格的设计、合理的结构选择、高质量的建设和及时的维护等方式来实现。包括对闸门、启闭机等关键部件的定期检查和维护，以及对海漫可能的侵蚀等风险的及时预防和处理。

图 23　水闸

（二）船　闸

A：船闸门有什么特点和作用?

B：船闸门用于隔离闸室与船闸段的水域，可以是坎坷式闸门等不同类型。它们在船只通过时关闭和打开，以控制水位，确保船只的顺利通行。

A：请解释一下船闸的水泵站和泵房的作用?

B：水泵站和泵房用于控制船闸的水位。水泵站负责提供必要的水流来填充或排空闸室，泵房则是容纳水泵和相关设备的地方，共同确保船闸的正常运行。

A：导航塔和船舶定位系统在船闸中扮演什么角色?

B：导航塔用于指导船只进入和离开船闸，提供必要的导航信息。船舶定位系统则用于精确地确定船只的位置，确保在通过船闸过程中的安全和准确。

A：船闸操作室是做什么的？

B：船闸操作室是船闸的控制中心。操作人员在此监控和控制船闸门的开启和关闭、水泵站的运作、液压系统的状态等，确保船闸的安全和高效运行。

A：如何确保船闸的安全运行？

B：船闸的安全运行涉及多个系统和设备的协同工作，包括紧急关闭系统的设置、水位传感器的精确监测、开关机械的可靠操作等。还需要定期进行质量检查和维护。

A：泄洪道和防浪堤在船闸中有什么作用？

B：泄洪道用于排放多余的水流，防止船闸区域的水位过高；防浪堤则用于减轻波浪对船闸结构的冲击，共同保护船闸的稳定和安全。

图 24　船闸

A：船闸照明和环保设施是如何配置的？

B：船闸照明确保了夜间和低光环境下的操作安全，包括闸室、岸壁等关键区域的照明。环保设施则用于处理和防止船闸运作过程中的污染，如油污处理等。

A：请描述一下船闸中的液压系统和护舷的功能。

B：液压系统在船闸中主要用于控制船闸门和其他机械部件的精确移动。护舷则是设置在船闸的岸壁上，用于保护船只和船闸结构免受相互碰撞的损伤。

二 课文（Kèwén）Text

（一）水闸

水闸是一种用于调节、控制河流或运河水位的水利工程设施，对于防洪、灌溉、航运等方面起到了重要的作用。以下是关于水闸的详细介绍。

一座水闸的结构组成包括闸室、上游和下游连接段、底板、闸门和启闭机、闸墩和翼墙以及护坡、防冲槽、护底和铺盖消力池等配套设施。闸室是水闸的主要部分，由底板、闸墩和翼墙组成，内设有闸门和启闭机。通过操作闸门，可以控制水流的流入和流出。上游连接段连接闸室和上游水域，下游连接段连接闸室和下游水域。这两个部分共同形成了水闸的流水通道。底板位于闸室底部，起到支撑的作用，需要结实耐用。闸门和启闭机闸门通过启闭机来控制开启和关闭，用于调节水位和水流。闸墩位于

图 25　简易闸门

闸室两侧，与翼墙共同支撑闸门，确保结构稳定。护坡用于保护水闸周围的土壤不被侵蚀；防冲槽则用于减缓水流的冲击力。护底用于保护底板不受侵蚀，延长使用寿命；铺盖消力池则用于消减水流的能量，减少对结构的冲击。

水闸是重要的水利工程设施，其维护和管理需要落到实处。水闸作为水利工程的重要组成部分，对于调节河流水位、防洪排涝、保证航运通畅等方面都具有重要作用。水闸的维护需要定期的检查和保养，以确保所有部分的正常运作。特别是在极端的气候条件下，还需要增强对海漫、侵蚀等风险的防范。水闸是一项复杂而精密的工程，涉及多个关键部分和设施的协同工作。正确的设计、施工和维护管理是确保水闸安全、高效运行的关键。

（二）船闸

船闸是一种用于调节水面高度的水利工程设施，它在促进水上交通、保障航运安全、控制水位以及环保方面起着重要作用。以下我们将深入探讨船闸的各个方面。

首先，了解船闸的组成部分。船闸工程在结构上包含闸室、船闸门、船闸段、水泵站、导航塔和控制室等。闸室是船闸的核心部分，用于容纳船舶，通过调节水位实现船舶的升降。船闸门是船闸的关键部分，其中坎坷式闸门是一种常见类型，由开关机械和液压系统控制。船闸段包括上游和下游连接段，结构必须坚固，常用水工混凝土建设。水泵站用于控制闸室的水位，通过泵房中的泵组进行精确的调节。导航塔为船舶提供方向的指引，有助于安全通过。船舶定位系统确保船舶在闸室内准确地停放。水位传感器对水位进行精确的测量和控制。

其次，了解一些船闸必要的配套设施。船闸的配套设施有岸壁、护舷、泄洪道、防浪堤、船闸操作室、船闸照明和环保设施等。岸壁用于保护船闸结构和支撑船闸门，通常用水工混凝土制成。护舷为船舶提供缓冲，保护船体免受撞击。泄洪道有助于排放过量水流，防止闸室水位过高。防浪堤减缓外部波浪对船闸结构的冲击。船闸操作室作为控制中心，集中了各种监控和操作设备。船闸照明确保了夜间和恶劣天气下的操作安全。环保设施包括废物处理和噪声控制等，确保船闸的环境友好性。

船闸是非常重要的水上交通设施，也面临一些技术挑战。船闸作为水上交通的关键节点，提供了不同水域间的连通。船闸还在防洪、灌溉等方面起到重要的作用。船闸设计和运营涉及许多技术问题，如液压、结构工程、自动化等。船闸的建设和运营必须兼顾环保和安全，确保可持续运作。

图 26　建设中的闸墩

船闸是一项复杂的工程，涵盖了多个领域，如水工混凝土结构、液压控制、环保等。正确的设计、建造和运营能够确保船闸的有效性和安全性，为经济和社会发展提供支持。综合考虑结构稳定性、操作可靠性、环境保护和船舶安全等多个方面，船闸的设计和运营是一项精密的和综合的任务。从坎坷式闸门的精确控制到泄洪道的合理设计，再到环保设施的整合，每个部分都需要精心地规划和协调。船闸不仅是水上交通的重要组成部分，还是现代工程技术和管理能力的体现。

生词与短语（Shēngcí yǔ Duǎnyǔ）New Words and Expressions

水闸	shuǐzhá	*n.* sluice
闸室	zháshì	*n.* sluice chamber
上游连接段	shàngyóu liánjiēduàn	*NP.* upstream connecting section
下游连接段	xiàyóu liánjiēduàn	*NP.* downstream connecting section
底板	dǐbǎn	*n.* floor
闸门	zhámén	*n.* gate
启闭机	qǐbìjī	*n.* hoist
闸墩	zhádūn	*n.* pier
翼墙	yìqiáng	*NP.* wing wall
护坡	hùpō	*NP.* slope protection
防冲槽	fángchōngcáo	*NP.* anti-scouring channel
护底	hùdǐ	*NP.* bottom protection
铺盖消力池	pūgàixiāolìchí	*NP.* bedding stilling basin
护坦	hùtǎn	*n.* apron
海漫	hǎimàn	*NP.* sea diffuser
堤防	dīfáng	*n.* embankment
防洪堤	fánghóngdī	*NP.* flood embankment，levee
边坡稳定	biānpō wěndìng	*NP.* stable slope
绿化美化	lǜhuà měihuà	*NP.* greening and landscaping
船闸门	chuánzhámén	*NP.* ship lock gate
闸室	zháshì	*NP.* lock chamber
船闸段	chuánzháduàn	*NP.* lock section
水工混凝土	shuǐgōng hùnníngtǔ	*NP.* hydraulic concrete
坎坷式闸门	kǎnkěshì zhámén	*NP.* mitre gate
水泵站	shuǐbèngzhàn	*NP.* pump station

导航塔	dǎohángtǎ	*NP.* navigation tower
开关机械	kāiguān jīxiè	*NP.* switchgear
岸壁	ànbì	*NP.* quay wall
泵房	bèngfáng	*NP.* pump house
液压系统	yèyā xìtǒng	*NP.* hydraulic system
护舷	hùxián	*n.* fender
船舶定位系统	chuánbó dìngwèi xìtǒng	*NP.* ship positioning system
水位传感器	shuǐwèi chuángǎnqì	*NP.* water level sensor
紧急关闭系统	jǐnjí guānbì xìtǒng	*NP.* emergency shutdown system
泄洪道	xièhóngdào	*n.* spillway
防浪堤	fánglàngdī	*n.* breakwater
船闸操作室	chuánzhá cāozuò shì	*NP.* lock control room
船闸照明	chuánzhá zhàomíng	*NP.* lock illumination

四 注释（Zhùshì）Notes

（一）水力发电

水力发电是利用水的势能或动能将水转化为机械能，进而转化为电能的过程。它是一种清洁、可再生的能源，对环境的影响相对较小。全球许多国家和地区都在使用水力发电作为主要的电力来源之一。

水力发电的过程大致是这样的：首先，在河流上建设大坝，通过拦截水流，储存一定量的水，形成水库。当需要发电时，通过水库中的水闸门控制水流量，使水流通过水轮机。水轮机随着水流的冲击而旋转，从而带动发电机转动，进而产生电能。这种发电方式的好处之一是，它不依赖化石燃料，因此不会产生温室气体排放。此外，水力发电站一旦建成，运行和维护成本相对较低。

尽管水力发电有许多优点，但是它也带来了一些挑战和问题。首先，建设大坝会对当地的生态环境造成一定的影响。例如，大坝可能会阻断鱼类洄游的路径，影响其繁殖；同时，大坝下游的河流流量减少可能会影响河流生态平衡。其次，水库的建设可能需要重新安置周边的居民，这可能涉及复杂的社会和经济问题。此外，水力发电站的建设和运行也需要高昂的初期投资。

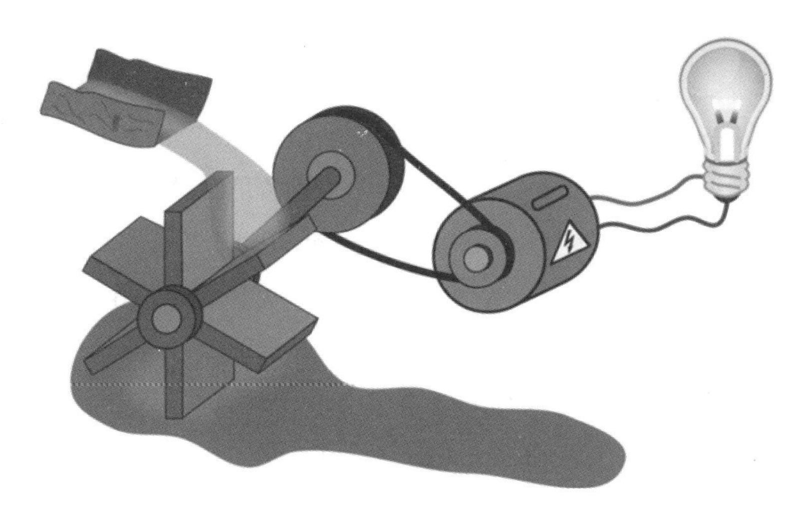

图 27　水力发电示意图

水力发电作为一种清洁、可再生的能源，在全球能源结构中扮演了重要角色。通过合理规划、科学设计和严格监管，我们可以最大化水力发电的利用，同时最小化其可能的负面影响。未来，随着人们对环境保护意识的提高和技术的进步，水力发电有望在全球范围内发挥更大的作用，为人们提供更多的清洁能源。

（二）现代汉语常用的语气词

现代汉语的语气词确实丰富多彩，反映了许多细致的情感和语调。以下是一些更多的例子以及英文翻译，以展示这些语气词的不同用法和意味：

好了，我们可以开始了。（Alright，we can start now.“了”表示事情的完成）

你别生气嘛！（Don’t be mad！“嘛”有撒娇的意味）

你要小心点哦！（You should be careful，you know！“哦”表示提醒）

他不是说过了吗？（Didn't he say that already？"吗"表示疑问）

你别这样啊！（Don't be like this！"啊"表示强烈的感情）

快点儿吧！我们要迟到了！（Hurry up！ we're going to be late！"吧"表示劝告）

你这样做对么？（Is it right for you to do this？"么"用于疑问）

那个电影真好看呀！（That movie was really good！"呀"表示惊讶）

我觉得他不会来的。（I don't think he will come."的"表示肯定）

你去不去呢？（Are you going or not？"呢"用于选择疑问）

你看，我是对的吧！（See，I'm right，aren't I？"吧"用于确认）

她真的去了哦！（She really went，you know！"哦"用于强调）

我来了啊！（I'm here！"啊"用于增强语气）

你帮帮我吧！（Please help me！"吧"表示请求）

他真是聪明着呢！是不是？（He's really smart，isn't he？"呢"表示感叹）

快点吃啊！别浪费时间了！（Eat quickly！ Don't waste time！"啊"用于催促）

他们都去了吧？（They all went，didn't they？"吧"用于推测）

这样做不好呀！（Doing this isn't good！"呀"表示惊讶或警告）

现代汉语语气词丰富，而且每一个语气词都有自己的用法，也表示了相应的句子语气。比如，在"好吧。"这句话里，"吧"表示同意。在"好吗？"这句话里，"吗"表示疑问。在"人家就是不喜欢嘛！"这句话里，这里"嘛"有调皮、撒娇的意味。

通过以上的例句，我们可以看到汉语中各种语气词的丰富性和多样性，以及它们如何影响句子的整体语气和含义。这些语气词为沟通增添了情感的深度和细腻的层次，使表达更加精确和生动。

五 练习题（Liànxítí）Exercises

1. ________是控制水流的重要结构，常用于水利工程中。

2. 在水闸设计中，________ 是关键部分，用于控制水位。
3. ________ 主要用于船只的通过，它可以控制水位，使船只安全过闸。
4. ________ 是水闸和船闸中用来提升或降低闸门的装置。
5. 为了保护水闸结构，________ 被安装在闸室的两侧。
6. 水闸的 ________ 部分是至关重要的，它连接着水闸与上游水域。
7. ________ 被广泛用于确保水闸和船闸结构的稳定性和安全性。
8. 在船闸设计中，________ 起到防止水流冲刷的作用。

六　中国国情与文化（Zhōngguó Guóqíng yǔ Wénhuà）Chinese National Conditions and Culture

中国助力全球绿色发展[1]

在持续的绿色投资驱动下，过去十年，中国在可再生能源、电动车等领域的技术创新脚步不断迈向新高度。通过国际合作，中国还将所积累的技术和经验分享给不同的国家，惠及更广大地区的民众，在全球绿色发展中发挥了重要的作用。

树立绿色发展创新标杆

据国家发展改革委和国家能源局的数据，2012 年以来中国能耗强度累计降幅超过 26%，能源消费中的煤炭占比下降了 12.5 个百分点，可再生能源发电装机突破 11 亿千瓦，水电、风电、光伏发电装机规模多年位居世界第一。此外，中国新能源车产销量也全球领先。

国际能源署发布的《追踪清洁能源创新——聚焦中国》报告说，中国在很短的时间内已经成为能源专利申请活动的主要参与者，中国发明人的占比越来越高，尤其在太阳能光伏、电动车技术、照明等领域。

[1] 新华社．特稿：十年开拓，中国助力全球绿色发展［EB/OL］．（2022-09-30）［2023-10-24］．http://www.news.cn/2022-09/30/c_1129044259.htm．

以太阳能光伏为例，报告援引的数据显示，2018 年至 2019 年，中国发明人提交的电池和太阳能光伏国际专利申请量约为 2008 年至 2009 年申请量的 6 倍，中国发明人提交的电动车技术国际专利申请量约为 2008 年至 2009 年申请量的 8 倍。

报告指出，中国在太阳能光伏领域的创新历程表明，这是一个从纯粹技术制造逐步转向创新的过程。中国在降低太阳能光伏成本以及在提高太阳能光伏性能方面的影响改变了全球关于能源创新的思考，为电池和电动车领域的发展奠定了基础。

肯尼亚智库非洲政策研究所分析师刘易斯·恩迪舒在接受新华社记者采访时说，中国借助技术和规模优势，探索出一条便捷、高效、清洁的发展路径，在全球能源系统脱碳进程中“发挥关键作用”，树立了全球标杆，并为广大发展中国家提供可借鉴的模板。

国际合作助力绿色转型

在绿色发展技术创新和规模化应用方面，中国并没有局限于国内市场。凭借出色的产品和技术经验，中国企业在全球多国协助开发可再生能源、电池制造等项目，惠及当地民众。

在肯尼亚东北部加里萨郡，中国企业承建的东非地区最大光伏发电站自投入运营后，持续为当地居民提供清洁电力。

据介绍，加里萨光伏发电站年均发电量超过 7600 万千瓦时，满足了 7 万户家庭数十万人的用电需求。发电站还带来很大的“绿色效益”——每年可节约标准煤超过 2 万吨，减少二氧化碳排放数万吨。

恩迪舒说，加里萨光伏发电站极大地提高了当地电网中可再生能源的占比，为肯尼亚实现更经济的电力供应奠定基础。

在巴西，2014 年以来，比亚迪巴西公司在巴西圣保罗州坎皮纳斯市和亚马孙州马瑙斯市先后建立 3 家工厂，业务涵盖太阳能发电、电池储能和新能源汽车领域。

巴西因斯珀教育研究所专家、前圣保罗市交通局局长塞尔希奥·阿韦列达说，比亚迪在巴西市场引入节能减排产品和解决方案的同时，还为当地创造了就业机会，带来了相关的知识技术等。

在成熟的发达国家市场，中国的技术型企业也在协助当地厂家推动绿色转型。

中国的无锡先导智能装备股份有限公司是全球领先的新能源装备制造和服务商。据先导智能德国子公司总经理陈初介绍，2021 年先导智能在德国设立子公司，把中国的电池生产设备和技术带到德国，目前在当地的合作伙伴包括德国大众、宝马等知名车企。此外，先导智能还与多家欧洲电池厂商达成了战略合作。

图 28　光伏发电

开拓绿色发展新篇章

面对气候变化、水土和空气污染等全球性挑战，各国迫切需要实现绿色发展。为此，中国政府在低碳转型、气候投融资、技术创新、国际合作等方面做了长期投入和实质性的努力。

中国始终积极践行应对气候变化务实行动，作出“二氧化碳排放力争于 2030 年前达到峰值，努力争取 2060 年前实现碳中和”的庄严承诺，宣布不再新建境外煤电项目。中国成立了碳达峰碳中和工作领导小组，构建和实施双碳“1+N”政策体系，积极推进低碳发展和绿色转型。

在政策支持和技术创新推动下，中国在绿色发展领域有望收获更多成果，这为探索绿色转型的国家，尤其是发展中国家，展示了积极的一面。

阿韦列达说，中国在绿色发展和碳中和等方面的努力和开拓精神，

“鼓励并引导发展中国家以更可持续、更绿色的方式发展经济，加快脚步建立一个更美好、更可持续、更包容的世界”。

思考题

1. 这篇报道提到了哪些可再生能源？
2. 这篇报道提到了哪些国家和地区正在与中国进行能源合作？

七 高频汉字（Gāopín Hànzì）High-frequency Chinese Characters

（一）本课高频汉字

已　通　入　量　子　问　度　北　保　心　还　科

（二）读音、词性、经常搭配的词和短语

已	yǐ	副词	已经，已然，已是
通	tōng	动词	通知，通话，交通
入	rù	动词	进入，加入，收入
量	liàng	名词	重量，数量，量大优惠
子	zǐ	名词	子女，孩子，儿子
问	wèn	动词	问题，提问，询问
度	dù	名词 / 动词	温度，程度；度过，度日如年
北	běi	名词	北边，北方，北部
保	bǎo	动词	保护，保持，保卫
心	xīn	名词	心情，心脏，中心
还	hái/huán	副词 / 动词	还吃不吃，还有，还可以；归还，还钱
科	kē	构词语素	科学，科技，科目

（三）书写笔顺

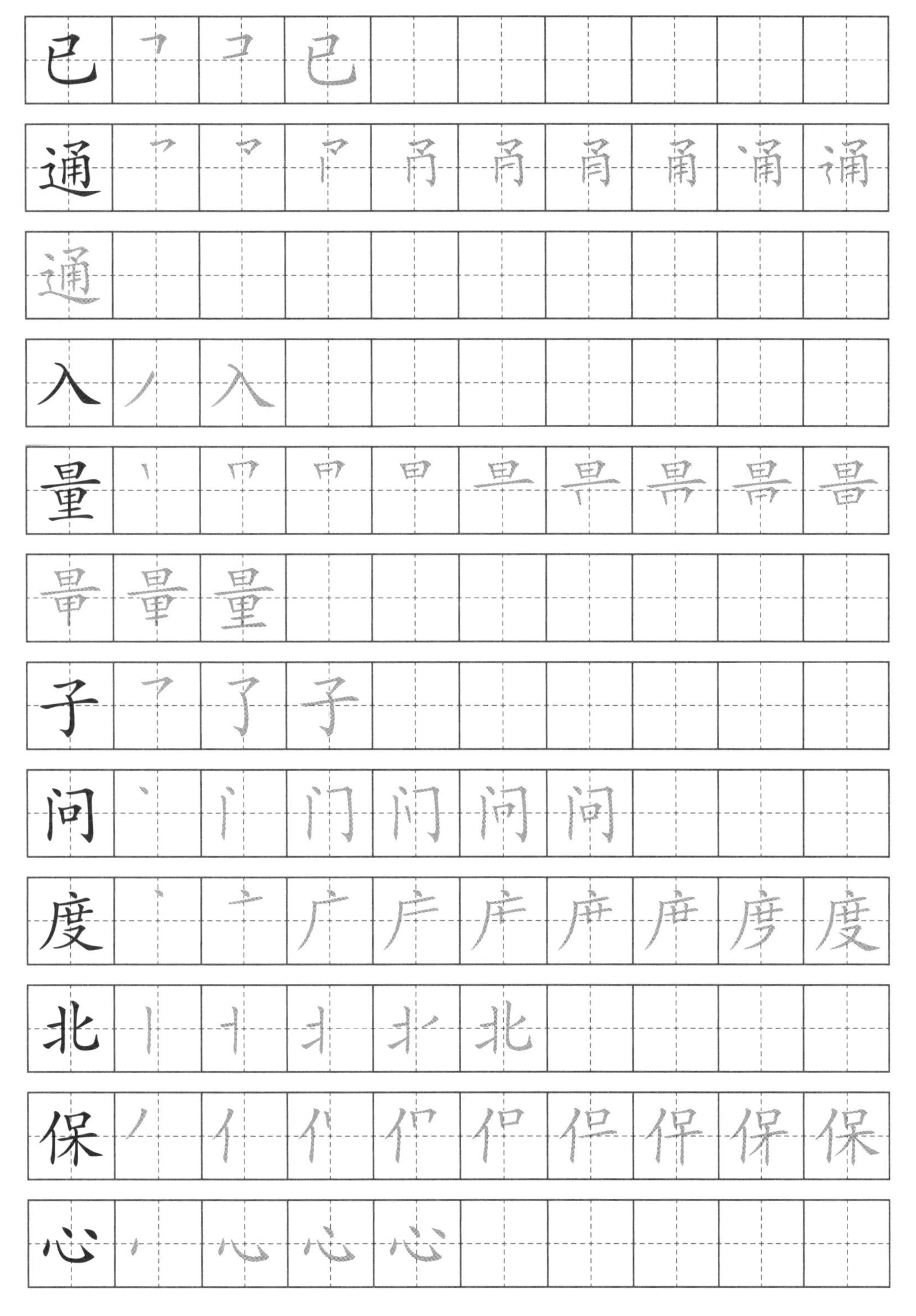

还	一	丆	不	不	不	还	还		
科	㇒	二	千	禾	禾	禾	禾	科	科

第 14 课
防洪

一 对话（Duìhuà）Dialogue

（一）

A：听说 1998 年的洪水几乎影响了全中国？

B：是啊，1998 年长江特大洪水是包括长江、嫩江、松花江等全流域地区的一次特大洪涝灾害。

图 29　1998 年中国长江流域洪水

A：是下雨太多引起的吗？

B：是的。那一年从 6 月中旬起，因为洞庭湖、鄱阳湖连降暴雨、大暴雨，长江的流量迅速增加。

A：最大水流量有多大？

B：举个例子，大通站（安徽铜陵一个古镇）流量8月2日最大达82300立方米/秒，仅次于1954年的洪峰流量，为历史第二位。

A：1998年长江发生特大洪水的深层原因是什么？

B：主要是气候异常、暴雨过大、河湖调蓄能力下降等原因造成的。

A：那间接原因呢？

B：这次洪水泛滥的原因还有流域内森林乱砍滥伐造成的水土流失，中下游围湖造田、乱占河道等。

A：也有人说跟厄尔尼诺有关系，是吗？

B：确实。1997年5月，发生了本世纪以来最强的厄尔尼诺事件，当年年底达到盛期，到1998年6月基本结束。

（二）

A：这雨太大了。

B：什么？我听不见！相距三四米就听不见。

A：进屋里说。

B：好的。

A：水库水位在全面上升，都超出警戒水位5.2米了。

B：怎么办？今天夜里还有强降雨。

A：打电话给上级部门。

B：电话线湿了，电话机被倒塌的墙埋住了。电话打不通！

A：情况紧急，快去使用部队的电话。

B：好。

A：喂！省军区吗？请给我接通军分区司令。情况万分紧急！

B：好的，请稍等。对不起！暂时联系不到。

A：请转告首长，请求派飞机炸掉板桥水库的副溢洪道，确保大坝安全。事关重大，晚了就来不及了！

B：好的，一定转告！

二　课文（Kèwén）Text

防　洪

近年来，随着气候变化和城市化进程的加速，洪水成为了我们面临的严重挑战之一。洪水给我们带来的损失和威胁不言而喻，因此，防洪工作变得越来越重要。在这篇文章中，我们将探讨洪水及防洪措施。

洪水是指流量突然增大，超出河道容量，引起的水位上涨的现象。洪水的发生原因有很多，包括自然因素和人为因素。自然因素包括暴雨、大暴雨等；人为因素包括不合理的土地利用、过度开发等。洪水的危害主要表现在农业、城市、生态等方面，因此必须采取防洪措施。

防洪的一种常用方法是建设水库。水库能够调节流量，增加水的蓄存容量。这里需要提到一个概念，那就是库容。库容指水库的储水能力，一般以立方米为单位。库容越大，储存的水就越多。水库的建设需要考虑流域面积、降雨量、径流系数等因素。除了水库，还有其他一些防洪措施，例如拦洪、泄洪等。在洪水期间，拦洪非常重要。拦洪是指在洪水即将到来时，通过建立防洪墙、堤坝等防止水流进入农田、城市等地区。大堤是拦洪的一种常用手段，它可以有效地防止水流进入城市和农田。除了大堤，还可以通过分洪来进行防洪。分洪是指将水流分流到不同的水道中，以减少水流的冲击力。

在进行防洪工作时，必须密切关注流量变化，进行调度。汛期是防洪工作的重要时期，此时需要密切关注水位的变化，及时调整防洪措施。泄洪是调节水库水位的一种手段，可以通过泄洪来减轻水库压力，防止洪水。在洪峰期间，应当采取错峰调度措施，避免流量过大，减轻洪峰压力。

除了拦洪和泄洪之外，分洪、消峰和错峰也是防洪工作的重要手段。分洪指将洪水分流到不同的地方，消峰则是通过调度水库来减缓洪峰的高度，而错峰则是通过调度水库来延迟洪峰的到来时间。这些手段可以有效地减轻洪水灾害的影响，提高防洪工作的效益。

最后，在防洪工作中，调度也是非常重要的环节。在汛期，根据天气和水情的变化，及时进行调度，可以使水库的容量得到更好的利用，从而提高防洪效益。同时，建立完善的防洪管理机制，制定科学的防洪预案，并落实责任制，可以有效地提高防洪工作的水平，保障人民群众的生命财产安全。

生词与短语（Shēngcí yǔ Duǎnyǔ）New Words and Expressions

词语	拼音	释义
洪水	hóngshuǐ	*n.* flood
防洪	fánghóng	*VP.* control floods
容量	róngliàng	*n.* capacity
库容	kùróng	*NP.* storage capacity
立方米	lìfāngmǐ	*NP.* cubic meters/m^3
流域	liúyù	*n.* watershed
暴雨	bàoyǔ	*NP.* heavy rain
大暴雨	dàbàoyǔ	*NP.* very heavy rain
十年一遇	shí nián yī yù	*NP.* once in ten years
百年一遇	bǎi nián yī yù	*NP.* once in a hundred years
分洪	fēn hóng	*VP.* divert floods
大堤	dàdī	*n.* levee
调度	diàodù	*n.* dispatch
汛期	xùnqī	*NP.* flood season
拦洪	lán hóng	*VP.* retain floods
泄洪	xiè hóng	*VP.* discharge floods
洪峰	hóngfēng	*NP.* flood peak
消峰	xiāo fēng	*VP.* reduce peak flow
错峰	cuò fēng	*VP.* shift peak flow
防洪效益	fánghóng xiàoyì	*NP.* flood control benefits

四　注释（Zhùshì）Notes

（一）洪水逃生法则

夏天经常下暴雨和大暴雨，持续的强降雨会引发洪水。洪水是一种自然灾害，其来势汹涌，水势强劲，给人们的生命和财产安全带来严重的威胁。在面对洪水时，逃生是至关重要的。以下是洪水逃生的一些法则。

图 30　洪水

第一，提前了解天气和洪水情况：随时关注天气预警和洪水预报，掌握洪水情况和趋势，提前做好逃生准备。最根本的做法是避免卷入到洪水中。

第二，立即撤离危险区域，尽量选择登高处避难：一旦接到洪水预警，不要犹豫，立即撤离可能受到洪水影响的区域，前往安全的高地或避难点。寻找高楼、高地或坚固的建筑物等地方登高避难，避免被洪水冲走。

第三，不要涉水行走：避免涉水行走，洪水中的水流很快并且可能隐藏着深洼和障碍物，极易造成危险。洪水水流湍急，不要进入流动的水域，以免被冲走或陷入险境。

除了以上最为重要的三点之外，还要避免靠近电线和电器设备、合理处置车辆等。前者是指避免靠近水中的电线和电器设备，以防发生电击事故。后者要求人们避免驾驶车辆穿越淹水道路，因为车辆容易被洪水冲走，同时淹水可能导致车辆失控。在暴雨中，要避免开车走地下涵洞，因为这样极易造成车辆在深水中熄火，进而造成司乘人员在车内发生危险。在洪水来临之前，要把汽车从地下车库中开出来并停留在高处，从而减少损失。

洪水是一种危险的自然灾害，对人们的生命和财产构成严重的威胁。在面对洪水时，逃生是最重要的，应立即撤离危险区域，尽量选择登高避难，并避免涉水行走。同时，要与家人保持联系，遵守救援人员的指挥，以及带好必要的应急物资。

（二）结果补语（用在动词后，表示动作的结果）

结果补语是汉语语法中的一种句法结构，用在动词后面加形容词，用来表示动作的结果或状态。它对动作或情况进行进一步说明，起到补充说明的作用，帮助听话者更加全面地理解句子的意义。结果补语通常由形容词、动词或名词等构成，用来描述主语经过某种行为或变化后所取得的结果。

结果补语通常用在动词后，用来说明动作的结果或状态，为句子提供更多的信息。它与动词之间的关系紧密，形成一个语义上的完整意思。结果补语可以是动词、形容词或名词等，具体取决于句子的结构和意义。请看下面例句：

我吃饱了。（I am full after eating.）

午饭做好了。（Lunch is ready.）

五岁的儿子学会了三阶魔方。（My five-year-old son has learned to solve a Rubik’s cube.）

在这几个例句中，都使用了结果补语结构，用于描述动作的结果或状态。让我们再来具体解释一下每个句子中的结果补语：

我吃饱了。（I am full after eating.）

在这个句子中，“吃”是动词，表示动作。“饱”就是结果补语，用来描述“我”的状态，表示“我”吃的结果是“饱了”。

午饭做好了。（Lunch is ready.）

在这个句子中，“做”是动词，表示动作。“好”就是结果补语，用来描述“午饭”的状态，表示“午饭”做的结果是“好了”。

五岁的儿子学会了三阶魔方。（My five-year-old son has learned to solve a Rubik’s cube.）

在这个句子中，“学”是动词，表示动作。“会”就是结果补语，用来描述“五岁的儿子”的状态，表示“五岁的儿子”学习的结果是“会了三阶魔方”。

需要注意汉语与英语表达上的差异。在英语中，表示类似的句子通常使用结果补语的形式，但在结构和用词上可能有所不同。例如，英语中会说“I am full after eating.”而不是“I have eaten full.”同样，英语中会说“Lunch is ready.”而不是“Lunch has been made ready.”这说明在汉语和英语中，表达动作的结果或状态时，语言结构和用词方式是不同的。

五　练习题（Liànxítí）Exercises

1. 为了减少 ________ 造成的损害，许多城市建立了复杂的防洪系统。
2. ________ 是一种重要的防洪设施，可以通过调节水位来控制洪水。
3. 在 ________ 发生时，水库的调度尤为重要，以确保下游地区的安全。
4. 工程师经常根据洪水的 ________ 来设计和强化防洪设施。
5. ________ 的主要功能之一是在洪水期间分流过量的水流。

6. 在防洪工程中，________ 是指通过特定渠道释放过量水流以减少洪水风险。
7. ________ 通常是指洪水达到最高水位的时刻，这是防洪工作中的关键时期。
8. 为了最大限度地降低洪水的影响，防洪工程可能会采用 ________ 的策略。

六 中国国情与文化（Zhōngguó Guóqíng yǔ Wénhuà）Chinese National Conditions and Culture

板桥水库溃坝灾难

1975 年 7 月，河南全省较旱，驻马店地区 7 月下旬旱情发展严重，大中小水库水位较低，河道水位较低。

1975 年 8 月 5 日，来自太平洋的 03 号台风抵达大旱两个多月的驻马店地区。但带来的不是久旱后的甘霖，而是连续 4 天的特大暴雨。暴雨强度罕见地大。据水文工作者们测量的数据，从 8 月 4 日至 8 日，暴雨中心最大过程雨量达 1631 毫米，3 天（8 月 5 日至 7 日）最大降雨量为 1605 毫米。超过 400 毫米的降雨面积达 19410 平方公里。暴雨有多大？有人回忆说道：天，像蒙上了一层黑布，暴雨倾盆而下，犹如翻江倒海；天地间灰蒙蒙一片，几步之外看不见人影，说话听不到声音”。“从屋内端出来脸盆，眨眼间就满了。”

8 月 5 日晚第一场暴雨到来后不久，板桥水库（当地最大的四个水库之一）就已经接近最高蓄水位了。板桥水库外面已经遍地洪水，水库管理局院内水深已高达 1 米以上，水库管理局被冲，电话线被冲断，房倒屋塌，总机被砸毁，到处一片漆黑，水库与外界的联系被中断。

8 月 6 日 23 时，板桥水库的水位已经高达 122.91 米，而设计规定的最高蓄水位只有 110.88 米，主溢洪道闸门抬高出水面，辅泄洪道也于 7 日凌晨 1 时全部打开泄洪，但是水位仍在急剧上涨。

8 月 7 日 19 时 30 分和 8 日零时 20 分，水库管理局用当地驻军的军用通信设备两次向上级部门发出特特急电，请求用飞机炸掉副溢洪道，确保大坝安全，可是，均未能传到上级部门领导手中。

图 31　溃坝后的板桥水库决口处

8 月 8 日凌晨 1:00，板桥水库溃坝。汹涌的洪水呼啸着扑向下游。板桥水库设计最大库容为 4.92 亿立方米，设计最大泄量为 1720 立方米每秒。而在这次洪水中承受的洪水总量为 6.97 亿立方米，洪峰流量 1.3 万立方米每秒。大坝溃决时最大出库瞬间流量极大，在 6 小时内向下游倾泄 7.01 亿立方米洪水。溃坝洪水进入河道后，又以平均每秒 6 米的速度冲向下游，在大坝至京广铁路直线距离 45 千米之间形成一股水头高达 5～9 米、水流宽为 12～15 千米的洪流。京广铁路遂平段被冲毁，冲毁京广铁路 102 千米，中断交通 16 天，影响南北正常行车 46 天。

洪水造成了惨重的损失。河南、安徽省有 29 个县市、1100 万人受灾，受灾面积 1780.3 万亩，倒塌房屋 524.8 万间，死亡 2.6 万人，冲毁京广铁路 102 千米，中断交通 16 天，影响南北正常行车 46 天，河道堤防漫决 810 多千米，决口 2100 余处（长 348 千米），失事水库 62 座，水利工程损坏严重，直接经济损失近百亿元。特别是板桥、石漫滩水库溃坝洪水经过的地方遭到了毁灭性的灾害，不少村庄荡然无存。

图 32　板桥水库破坏力

有哪些教训值得总结呢？一是不科学的观念。当时人们认为在平原地区以蓄（水）为主，蓄水灌溉，重蓄轻排，这将会对水域环境造成严重的破坏。二是台风带来持续几天的大暴雨。三是防汛准备不到位，防汛物资匮乏，应急预案缺失。防汛中的指挥调度、通信联络、备用电源、警报系统没有保障到位。防汛最紧张的时候，通信中断，上下失去联系。四是水库没有提前泄洪。五是溃坝发生在夜间。六是泄洪河道被耕地占用，致使洪水数天还没有退去。七是后续救援工作受通信、交通等因素制约不够及时有力。

思考题

1. 请从数据参数的角度介绍一下板桥水库。
2. 如果你是水库管理局的领导人，在溃坝发生之前和之后，你会怎么做?

3. 洪水造成溃坝，带来了极大的损失，教训有哪些?

七 高频汉字（Gāopín Hànzì）High-frequency Chinese Characters

（一）本课高频汉字

委 都 术 使 明 着 次 将 增 基 名 向

（二）读音、词性、经常搭配的词和短语

委	wěi	动词	委托，委员，委任
都	dōu	副词	都知道，大都，都可以
术	shù	名词	技术，艺术，手术
使	shǐ	动词	使用，使者，使命
明	míng	名词 / 形容词	明天，明日；明确，明亮
着	zhe/zhuó	助词 / 动词	穿着，笑着说；着正装
次	cì	名词	次数，第一次，下次
将	jiāng	动词	将要，将会
增	zēng	动词	增加，增长，增强
基	jī	名词	基础，基地，基本
名	míng	名词	名字，姓名，名誉
向	xiàng	动词 / 介词	向前，倾向；向前看，向着山东出发

（三）书写笔顺

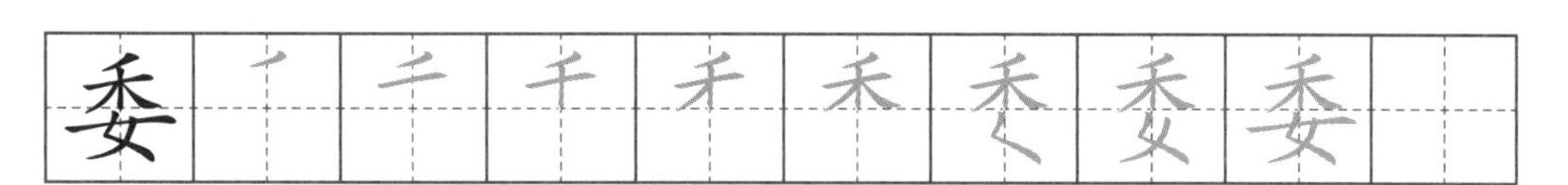

都	一	十	土	耂	耂	者	者	者	都
都									
术	一	十	才	木	术				
使	丿	亻	亻	亻	佢	佢	使	使	
明	丨	冂	冃	日	日	明	明	明	
着	丶	丷	䒑	兰	兰	羊	差	着	着
着	着								
次	丶	冫	冫	次	次	次			
将	丶	冫	丬	丬	将	将	将	将	将
增	一	十	土	土	圹	圹	增	增	增
增	增	增	增	增	增				
基	一	十	廾	甘	甘	苴	其	其	其
基	基								

名	㇒	夕	夕	夕	名	名			
向	㇒	丿	向	向	向	向			

第 15 课
发电

一　对话（Duìhuà）Dialogue

A：水电站发出来的电是一种什么样的能源？

B：水力发电是利用水的动能转化成电能的清洁可再生能源。

A：水电站有哪几种类型？

B：水电站有坝式水电站、引水式水电站、坝后式水电站等几种类型。

A：水电站的装机指什么？

B：水电站的装机指发电机组的总容量，通常以瓦或千瓦为单位。

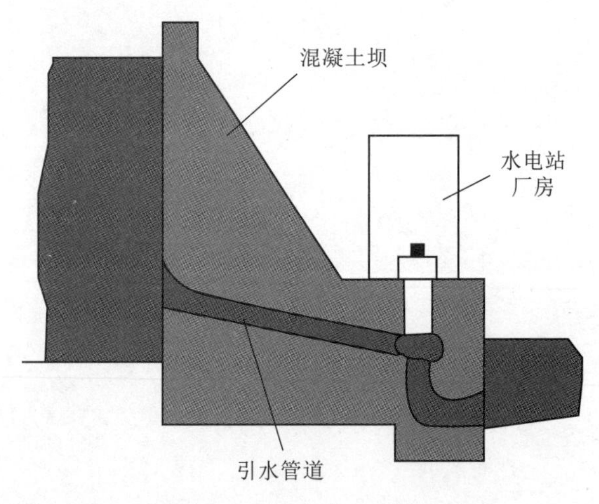

图 33　水力发电示意图

A：水电站发电量如何计算？

B：水电站发电量的计算公式是：发电量 = 装机容量 × 发电小时数 × 发电效率。

A：大坝在水电站中扮演着什么角色？

B：大坝在水电站中发挥着拦水、储水、发电等多种功能，是水电站的核心部分。

A：水电站的发电厂房里有哪些设备？

B：水电站的发电厂房内设有水轮发电机、发电机转子等发电设备。

A：水力发电是一种什么样的能源？

B：水力发电是利用水的动能转化成电能的清洁可再生能源。

A：水力发电有助于减少碳排放吗？

B：是的，水力发电是一种低碳清洁能源，可以有效地减少碳排放，有助于实现碳达峰和减缓地球变暖。

A：电力输送和电网的作用是什么？

B：电力输送和电网的作用是将发电厂生产的电能输送到用户手中，以满足电力需求。

A：水力发电的可持续性如何？

B：水力发电是一种可持续的能源，因为水的供应是可再生的，水流不会因为使用而消失，因此可以长期稳定地供应清洁能源。

二　课文（Kèwén）Text

水　力　发　电

水是人类生存所必需的重要资源之一，而水力发电则是一种利用水资源转换成清洁能源的方式。在全球范围内，水力发电是最主要的可再生能源之一。下面将介绍水力发电的基本原理、水电站的类型和发电量的计算。

（一）水力发电的基本原理

水力发电是利用水流运动的动能转换为电能的过程。当水从高处流向低处时，会产生水头、水压和水流动能，将这些能量转换成电能的设备称为水力发电机组。水力发电机组主要由水轮机和发电机两部分组成。水轮机是利用水流的动能推动水轮旋转，而发电机则将旋转的机械能转换成电能。水力发电的主要优势在于其源源不断的能源供应和无排放的清洁能源。

（二）水电站的类型

水电站是指利用水能转化为电能的大型工程设施，主要分为坝式水电站、引水式水电站和坝后式水电站三种类型。

坝式水电站一般建在河流上，通过大坝把水阻挡在上游，形成一定的水头，然后通过水轮机将水能转换成机械能，最终通过发电机将机械能转换成电能。坝式水电站具有耐久性好、寿命长等优点，但是也存在着对生态环境的影响和建设成本高的缺点。

引水式水电站是将水引入水库，形成一定水头后通过水轮机发电的一种方式。这种水电站通常需要较长的输水管道和隧洞来输送水，因此建设成本较高。但是由于引入的水流量可以控制，它的发电量相对较稳定。

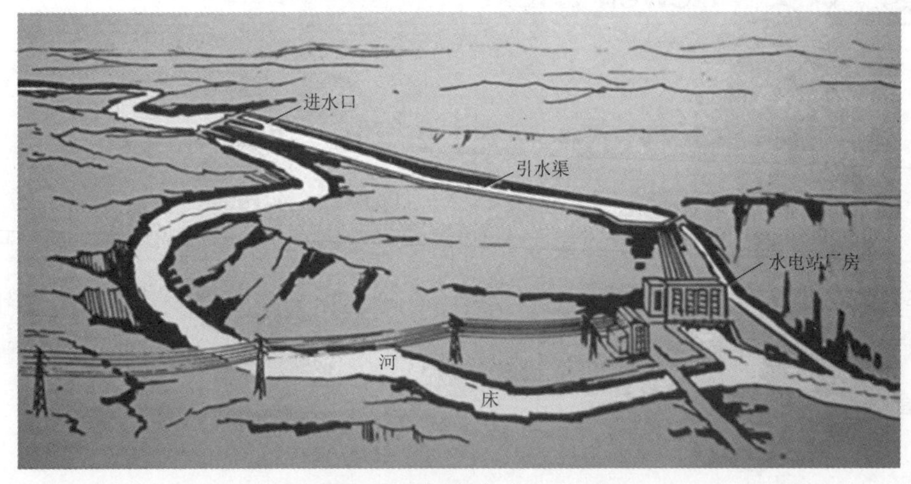

图 34　无压引水式水电站

坝后式水电站建在已有的大坝下游，它是将坝下水库的水引入水轮机发电的一种方式。坝后式水电站相对于其他类型的水电站，建设成本最低，但是它的发电量也较为不稳定。

（三）发电量的计算

水力发电的发电量主要由以下三个因素决定：装机容量、水头和水流量。装机容量是指水电站所装设的水轮机的容量，它一般用千瓦或兆瓦表示。水力发电的发电量通常是按照每小时发电的电量来计算的，单位是千瓦时（kW·h）。发电量的计算公式为：

发电量（kW·h）= 装机容量（千瓦）× 发电时间（小时）× 出力率（%）

其中，装机容量是指水电站安装的水轮发电机的额定功率，也就是水轮发电机的最大输出功率；发电时间是指水电站实际发电的时间；出力率是指水电站实际发电量与装机容量之比，通常在 60%～80%。

总之，水力发电作为一种清洁、可再生、廉价的能源形式，在我国能源结构调整和可持续发展中具有十分重要的地位和作用。在未来的发展中，我们需要加强技术研究和创新，注重环保和可持续性，推动水力发电行业健康发展，为实现可持续的能源发展和建设美丽中国作出更大的贡献。

图 35　白鹤滩水电站地下厂房

三 生词与短语（Shēngcí yǔ Duǎnyǔ）New Words and Expressions

水力发电 shuǐlì fādiàn *NP.* hydroelectric power

水电站 shuǐdiànzhàn *NP.* hydropower station

装机容量 zhuāngjī róngliàng *NP.* installed capacity

瓦 wǎ *n.* watt

千瓦 qiānwǎ *n.* kilowatts

发电量 fādiànliàng *NP.* power generation

廉价 liánjià *adj.* cheap

水轮发电机 shuǐlúnfādiànjī *NP.* hydroelectric generator

发电机转子 fādiànjī zhuànzǐ *NP.* generator rotor

减少碳排放 jiǎnshǎo tànpáifàng *NP.* reducing carbon emissions

碳达峰 tàndáfēng *NP.* carbon peaking

减缓地球变暖 jiǎnhuǎn dìqiú biàn nuǎn *NP.* slowing down global warming

减少 jiǎnshǎo *v.* reduce

污染 wūrǎn *n.* pollution

电力输送 diànlì shūsòng *NP.* power transmission

电网 diànwǎng *n.* grid

可持续的 kěchíxù de *adj.* sustainable

四 注释（Zhùshì）Notes

（一）水轮机

水轮机是一种利用水的动能或势能将水能转化为机械能的装置。它在水力发电站中起着关键作用，可以说是水力发电的“心脏”。

水轮机的工作原理相当简单。当水从一定的高度流下，通过水轮机的叶轮，水的势能就会转化为叶轮的动能，使叶轮旋转。叶轮的旋转又通过轴与发电机相连，将机械能转化为电能。通过这一系列的能量转换，我们就得到了可用的电力。

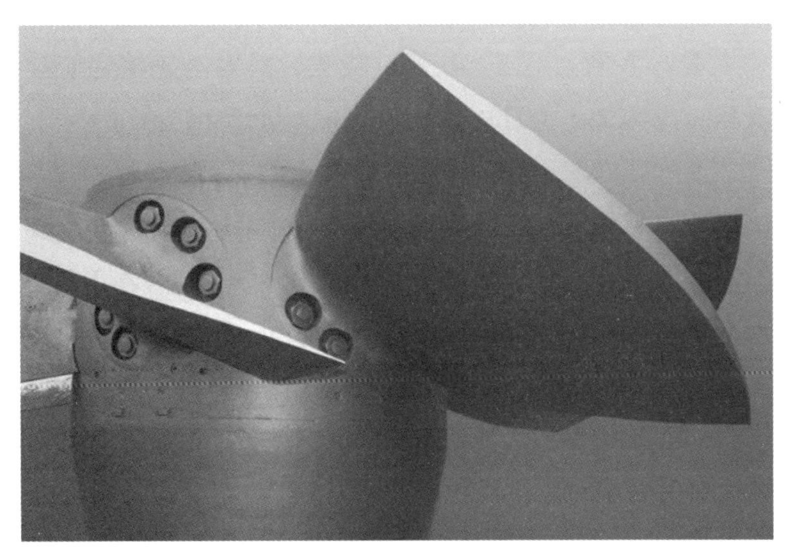

图 36　水轮机叶片

水轮机的种类很多，根据不同的工作条件和用途，可以分为动水轮机和反动水轮机。其中，弗朗西斯水轮机和卡普兰水轮机是比较常见的类型，它们在不同的水头和水流条件下工作效率较高。虽然水轮机的基本原理相对简单，但是其设计和制造却相当复杂。水轮机必须能够在各种水流和水头条件下稳定地工作，同时还要具有足够的耐久性，以应对长时间的连续运行。

为了提高水轮机的效率，工程师们会通过精确的计算和精湛的制造技艺，来优化叶轮的形状和大小，以及整个水流通道的设计。此外，材料科学在水轮机的制造中也扮演了重要的角色。选用合适的材料可以确保水轮机在长时间运行中保持良好性能，同时也能抵抗腐蚀和磨损。

水轮机是一项集结构工程、流体力学、材料科学等多个领域的精湛技术的产物。它不仅促进了人类对自然资源的合理利用，还为全球的清洁能源和可持续发展作出了重要的贡献。未来，随着科技的进一步发展，水轮机的设计和制造将更加先进和高效，为人们带来更多的便利和福利。

（二）趋向补语（上来、下来）

趋向补语是汉语语法中的一种重要成分，它用在动词后，表示动作的方向或趋向。趋向补语通常是由动词和表示方向的成分组成，用来进一步说明动作的目标或方向。常见结构是：*v.* ＋来 / 去；常用词语是：来，去，上来，上去，下来，下去，出来，出去，等等。先看例句：

这是我家，进来吧。（This is my house. Come in，please.）

站起来休息一下吧。（Get up and take a break.）

哭吧，哭出来就好了。（Cry，crying it out will make you feel better.）

看！一只鸟飞来了。（Look！A bird is flying over here.）

你笑起来真好看！（You look really beautiful when you smile.）

趋向补语“动词＋来 / 去”趋向补语用于描述动作的方向。最重要的是考虑说话者的位置。通常，如果动作朝着说话者方向进行，使用“来”；如果动作远离说话者方向，使用“去”。“这是我家，进来吧”中的“来”表明动作是朝向说话人的，说话人在家里。汉语的趋向补语在英语中通常需要用介词或者副词来表达。例如，“快进来吧”在英语中可以译为“Come in quickly”。“出去散步”可以译为“Go out for a walk”。“哭出来就好了”可以翻译为“Crying it out will make you feel better”，在英语中使用了“out”。再看句子：

树太高了，我上不去。（The tree is too tall，I can’t climb up.）

他下不来了。（He can’t come down anymore.）

在这些例句中，趋向补语表示动作的趋势或方向。“上不去”表示动作的趋势是向上却无法达到目标，“下不来”表示动作的趋势是向下，但无法顺利完成动作。汉语的趋向补语在英语中通常需要用 to 或 down 等介词来表达。例如，“树太高了，我上不去”可以译为“The tree is too tall，I can’t climb up”。“他下不来了”可以译为“He can’t come down”。请注意英语中使用了“up”和“down”。

五　练习题（Liànxítí）Exercises

1. ________ 是将水流的动能转换为电能的一种方式。
2. ________ 是利用水流来发电的主要设施之一。
3. ________ 能够发挥巨大的能量，为水电站提供动力源。
4. 作为一种无污染的 ________，水力发电有助于减少碳排放。
5. ________ 是水力发电的核心部件，负责转换机械能为电能。
6. 为了满足能源需求，________ 的建设是非常重要的。
7. 水力发电站通过 ________ 将产生的电力传输到各个地区。
8. 水力发电的一个优势是它是一种 ________ 能源，可以持续。

六　中国国情与文化（Zhōngguó Guóqíng yǔ Wénhuà）Chinese National Conditions and Culture

五大清洁能源发电，谁才是未来的王者

清洁能源和非清洁能源是根据能源消费过程对人类环境影响的程度区分的。非清洁能源是指在消费过程中会排放大量的温室气体、有害气体以及有损环境的液体和固体废弃物的能源，如粗放式使用的煤炭、石油等。与之相对的清洁能源是指在生产和使用过程中不会或者很少排放有害物质的能源。清洁能源一般包括两种类型：一种是可再生的能源，如水能、太阳能、风能、地热能、海洋能等，在被消耗后自身能够恢复和补充，而且不会产生或很少产生污染物，这类能源也被称为第 Ⅰ 类清洁能源；另一种是不可再生的低污染能源（如天然气）和利用洁净能源技术处理过的化石燃料（如洁净煤、洁净油等），这种能源被称为第 Ⅱ 类清洁能源。在一般情况下，清洁能源指的是第 Ⅰ 类清洁能源。为了实现碳中和目标，当前我国正在推动用清洁能源替代化石能源。而在电力行业，煤电将被进一步去产能，清洁能源发电占比将会提高。

目前中国的清洁能源发电主要包括：核电、水电、风电、光伏和生物质发电。五大清洁能源发电各有优势，谁才是未来的王者呢?

图 37　中国三峡电站外送输电线路

（一）核电

核电是通过核聚变产生能量，转化为机械能再产生电能。在所有发电项目中，核电是最稳定的电源，比煤电更为稳定。最为重要的是，核电可以完全实现零碳排放，是清洁的环保电力。从发电的稳定性上看，核电是最为理想的替代煤电的电力。

不过安全性是制约核电发展的最大因素，每一个核电站的安危都关系整个产业的发展。因此，发展核电首先要考虑的是电力安全问题。

（二）水电

水力发电技术，是所有清洁能源发电中最为成熟的。目前水电站装机规模和发电量，也是所有清洁能源中装机最大的。水电站虽然不排放污染物和二氧化碳，但是水电站的建设往往会对水力资源和周边的生态环境造成一定的影响。水力发电也受气候的影响比较大。春季和夏季属于丰水期，而到了秋季和冬季枯水期，甚至面临无电可发的窘境。

（三）风电和光伏

风能和太阳能是取之不尽用之不竭的资源，因此风电和光伏没有燃料成本制约，成为清洁能源电力中增长最快的产业。从装机规模上看，风电和光伏是最有潜力能够替代煤电的电力。但是由于风电和光伏发电不稳定，并网消纳问题依然是受限制的。大型的风电和光伏基地占地面积都很大。尤其是大型风电基地，规划面积会超过成百上千平方千米，对水土资源影响严重。

（四）生物质发电

生物质资源被称为可再生的煤炭，因此生物质发电的稳定性、安全性可媲美煤电。在所有清洁能源发电中，生物质发电是取代煤电最理想的电力。但是受制于燃料成本的制约，生物质发电经济性不高。由于秸秆资源比较分散，收集困难，因此生物质发电的装机规模普遍不大。生物质燃料收集和储运困难以及燃料成本居高不下，导致生物质发电发展缓慢。

中国已经成为全球清洁能源投资第一大国。2020 年 9 月 22 日，中国政府在第七十五届联合国大会上提出："中国将提高国家自主贡献力度，采取更加有力的政策和措施，二氧化碳排放力争于 2030 年前达到峰值，努力争取 2060 年前实现碳中和。"这充分体现了中国作为一个负责任大国对人与自然前途命运的深切关注和主动担当。2020 年年底《新时代的中国能源发展》白皮书数据显示，2019 年我国煤炭消费占能源消费总量比重为 57.7%，比 2012 年降低 10.8 个百分点；天然气、水电、核电、风电等清洁能源消费量占能源消费总量比重为 23.4%，比 2012 年提高 8.9 个百分点。能源绿色发展对碳排放强度下降起到重要作用，2019 年碳排放强度比 2005 年下降 48.1%。[1] 现在，可再生能源开发利用的规模快速扩大，水电、风电、光伏发电累计装机容量均居世界首位。

思考题

1. 清洁能源有哪些类型？
2. 发展水电有什么优点和缺点？
3. 中国“碳达峰”和“碳中和”的时间表是怎样的？

七 高频汉字（Gāopín Hànzì）High-frequency Chinese Characters

（一）本课高频汉字

门　应　里　美　由　规　今　题　记　点　计　去

（二）读音、词性、经常搭配的词和短语

门	mén	名词	门口，大门，一扇门
应	yīng	动词	应该，应用，回应
里	lǐ	量词 / 名词	里面，房间里；一里，里程
美	měi	形容词	美丽，美味，美景
由	yóu	动词 / 介词	由于，由此；由公式三可以得到
规	guī	名词	规则，法规，规定
今	jīn	名词	今天，今早，今后
题	tí	名词	问题，题目，标题

[1] 国家能源局．迈向清洁低碳——我国能源发展成就综述［EB/OL］．（2021-06-18）［2023-08-26］．http://www.nea.gov.cn/2021-06/18/c_1310015819.htm．

记	jì	动词	记录，记住，记得
点	diǎn	名词 / 动词	黑点，墨点，圆点；点击，点石成金
计	jì	动词 / 名词	计算，计划；妙计，计谋
去	qù	动词	去年，离去，去海边

（三）书写笔顺

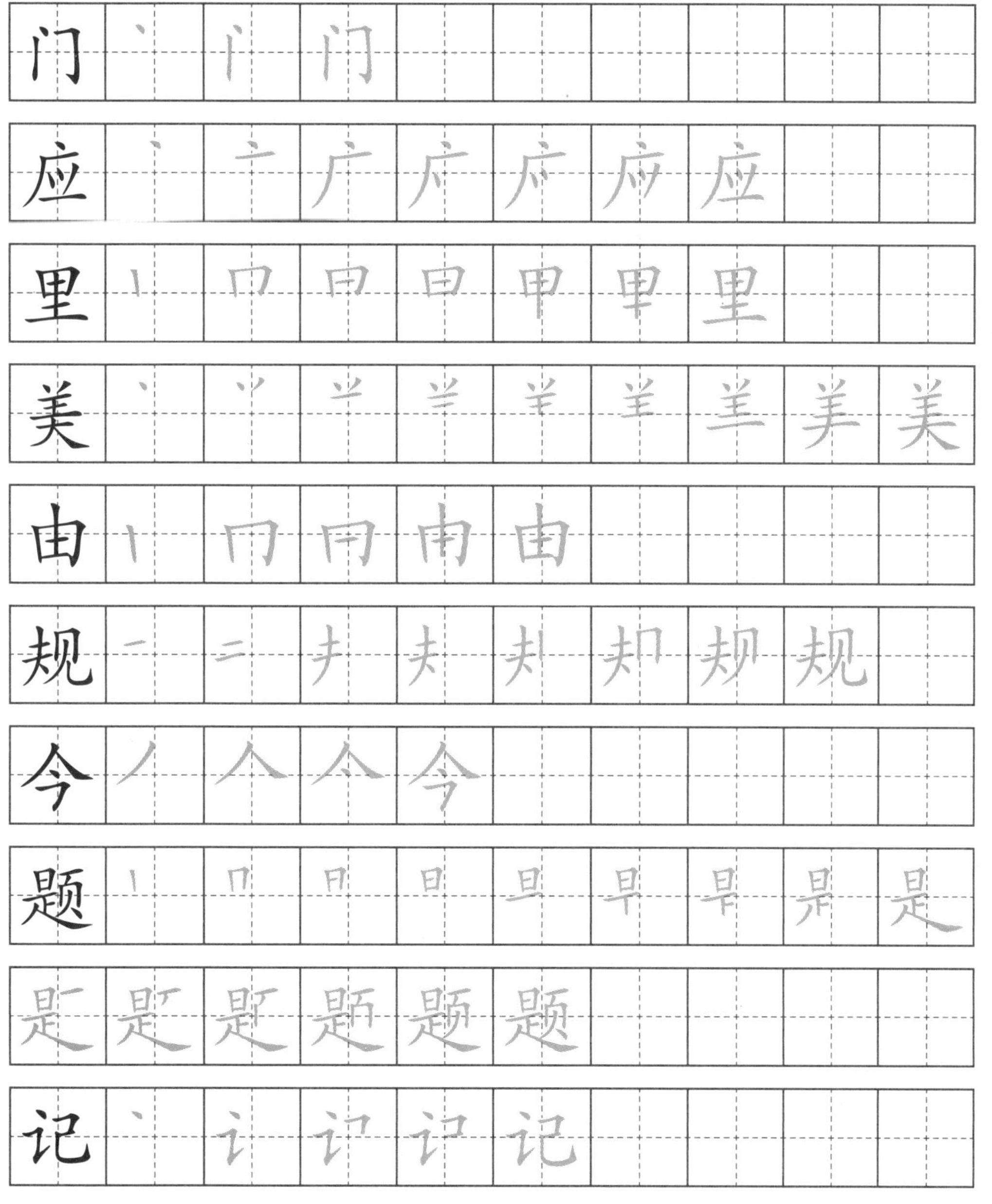

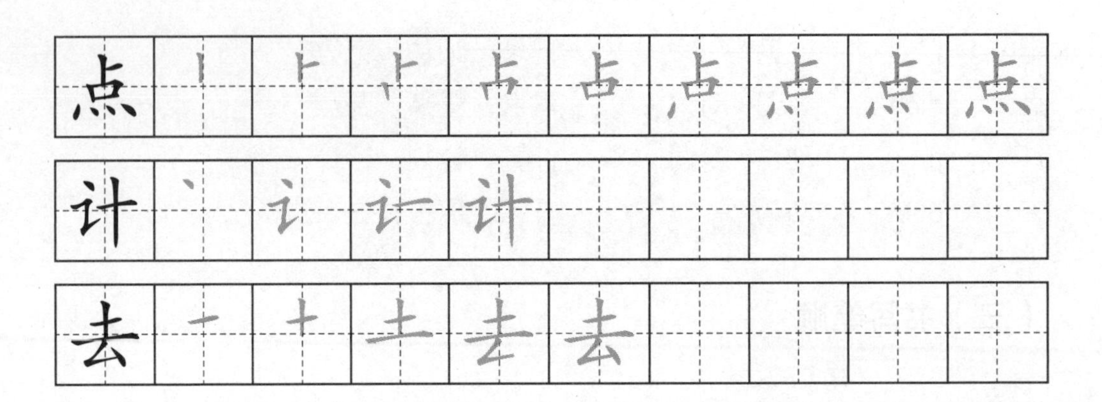

第 16 课
航运

一 对话（Duìhuà）Dialogue

A：什么是航运？

B：航运指的是通过水上交通工具进行的货物或人员运输活动。

A：船舶有哪些种类？

B：船舶种类有很多，包括散货船、油轮、集装箱船等。

图 38 内河航运

A：航道是什么？

B：航道指的是水上交通的通道，也就是船舶运输所使用的水域。

A：航标的作用是什么？

B：航标是为了帮助船舶在航行过程中确定自身位置和航向，以保证航行安全而设立的标志。

A：什么是航线？

B：航线是指船舶在航行过程中所遵循的航行路线。

A：起航前需要做哪些准备工作？

B：起航前需要检查船舶的机器设备和电子导航设备等，确保正常运转，同时检查船舶的载重量、淡水和燃油等物资的供应情况。

A：什么是船闸？

B：船闸是一种控制船只通航的设施，通常由闸门、闸室和升船机等部分组成。

A：什么是五级连续梯级船闸？

B：五级连续梯级船闸指的是五个级别相连的船闸，可以让大型船舶通过船闸系统运输。

A：船舶的载重量和吨位有什么关系？

B：船舶的载重量通常与吨位成正比，即吨位越大，船舶的载重量就越大。

A：什么是救生器具？

B：救生器具包括救生圈、救生衣、救生艇等设备，用于在紧急情况下保护船员的安全。

课文（Kèwén）Text

航　运

航运是人类贸易和文化交流的重要方式之一。在航运中，航船是承载货物和人员的重要工具，而航道、航标、航线、导航等则是确保航行安全的基础设施和技术手段。以下将从这些方面介绍航运。

航道是指人工或自然河道、海峡、海湾等水域中供船只航行的通道。航道的畅通是航运安全和效率的基础。为了保证航道的安全和畅通，需要定期维护和清淤，同时在航道中设置航标来指引航线和标志危险区域。航标是指用于指示船只航行方向、位置和水深的各种设施，包括灯塔、浮标、水下标志等。航标的设置可以有效地降低船只事故率，提高航行安全性。

航线是指船只在航行过程中按照一定的路线行驶的路径，通常与航道相对应。在规划航线时，需要考虑海流、风向等因素，以保证航行安全和经济效益。导航是指通过利用各种技术手段确定船只位置和方向的过程。导航技术可以帮助船只避免危险区域和规避天气等风险，提高航行的精准度和安全性。通航是指船只在航道上自由通行的权利和状态。通航的畅通是船只顺利航行的重要保障，同时也促进了经济和文化交流的发展。

图 39　大河运输

领航是指在陌生的航道中为船只提供引导和指引的服务。领航员通过熟悉航道情况和气象信息，提供船只安全通行的建议和指引。航段是指沿途航行中划分的段落，通常与航程相对应。在规划航段时，需要考虑航行时间、风浪、能源消耗等因素，以确定最佳航行路线。断航是指在航道上因各种原因而暂时停止航行的状态。断航时需要及时通知相关船只和船东，采取相应的补救措施以保证航行的安全和畅通。

船闸是连接两个水平面的设施，可以通过控制水位差，使船只通过垂直高度不同的水道。在航运中，船闸是非常重要的基础设施之一，为船只提供了航行的必要条件。以下将介绍航运中的一些关键词语和相关知识点。水利枢纽一般会有升船机。升船机是指用于抬升或降低船只高度的设备，可以替代船闸完成升降船只的作用。五级连续梯级船闸是指五个相邻的船闸依次排列组成的船闸系统，可以使船只通过不同高度的水道。

千吨级指船只的承载能力达到千吨以上。万吨级指船只的承载能力达到万吨以上。集装箱是指用于运输货物的标准化货物箱，可以在不同的运输方式（如船运、铁路、公路）之间转换。而集装箱则是一种装载货物的容器，可以方便地在船舶和陆地之间转移货物，大大提高了航运的效率。

在船舶设计和操作中，重心是一个重要的概念，指的是船只重心的位置和高度，需要根据不同的载重量和水位来计算。水线则是船体与水面接触的位置线，也是一个重要的概念。在航行中，船只需要携带足够的淡水和燃油，以确保船只正常运行和维持船员的生活需求。在航行中，救生器具是必不可少的设备。

生词与短语（Shēngcí yǔ Duǎnyǔ）New Words and Expressions

词语	拼音	释义
航运	hángyùn	*n.* shipping
航船	hángchuán	*n.* ship
航道	hángdào	*n.* fairway
航标	hángbiāo	*n.* beacon
航线	hángxiàn	*n.* route
起航	qǐháng	*n.* sailing
导航	dǎoháng	*v.* navigate; pilot
通航	tōngháng	*n.* navigation
领航	lǐngháng	*n.* pilotage
航段	hángduàn	*NP.* flight segment

断航	duàn háng	*v.* cutoff
船闸	chuánzhá	*NP.* ship lock
升船机	shēngchuánjī	*NP.* ship lift
五级连续梯级船闸	wǔjí liánxù tījí chuánzhá	*NP.* five-stage continuous cascade lock
提升力	tíshēnglì	*NP.* lifting force
千吨级	qiāndūnjí	*NP.* thousand tons
万吨级	wàndūnjí	*NP.* ten thousand tons
集装箱	jízhuāngxiāng	*n.* container
中心控制室	zhōngxīn kòngzhìshì	*NP.* central control room
重心	zhòngxīn	*n.* center of gravity
甲板	jiǎbǎn	*n.* deck
载重量	zàizhòngliàng	*n.* deadweight
水线	shuǐxiàn	*n.* waterline
救生器具	jiùshēng qìjù	*NP.* lifesaving apparatus

四　注释（Zhùshì）Notes

（一）水库泥沙淤积

水库泥沙淤积是一个复杂的地理现象，与河流、气候、土地利用等多方面因素有关。当河流流经山地、丘陵或者人类活动区域时，水流会携带大量泥沙。当这些含沙水流进入水库时，由于水流速度的减慢，泥沙就会沉积在水库底部。这个现象看似无伤大雅，但是实际上可能会对水库的运行带来严重的问题。泥沙的沉积会减少水库的有效蓄水量，降低水库的发电和灌溉效能。同时，大量泥沙的沉积还可能对水库大坝的稳定性造成威胁。

针对水库泥沙淤积的问题，人们采取了多种措施来解决。首先，是在水库上游采取土地保护措施，通过植树造林、禁止过度开垦等方式，减少泥沙被冲刷入河流的情况。其次，可以通过合理的水库管理和运行方式，如定期泄洪排沙，使沉积在水库底部的泥沙得到排放。此外，科学家和工程师还可以通过设计更为先进的水库结构来减少泥沙淤积。例如，特殊设计的底流孔可以在不影响水库正常运行的前提下，持续排放底部的泥沙。

图 40　黄河小浪底水库调节泥沙

水库泥沙淤积问题的解决是一项综合性任务，需要多学科的合作和研究。通过理解泥沙淤积的机理，结合现代科技，人们不仅可以有效地减少淤积带来的问题，还可以实现水土保持和生态保护的双赢效果。水库泥沙淤积虽然是一个棘手的问题，但是通过人们的努力和智慧，是可以得到合理控制和治理的。

（二）时量补语（学习汉语 1 年了）

时量补语是汉语语法中的一种重要成分，用在动词后，表示动作或状态的持续时间。它由表示时间的词语和表示量词的词语组成，用来进一步说明动作或状态的持续时间。时量补语在句子中起到限定和补充动作时间的作用，让句子更加完整和具体。

用在动词后表示动作的持续时间：

我学习汉语 1 年了。（I have been studying Chinese for 1 year.）

他已经等了 30 分钟。（He has been waiting for 30 minutes.）

在这些例句中，时量补语表示动作的持续时间。“学习汉语 1 年了”表示我学习汉语已经持续了 1 年的时间，“等了 30 分钟”表示他的等待已经持续了 30 分钟。在英语中，时量补语通常需要使用 for 或 since 等介词来表示时间的持续。

那个孩子哭了半天了。（That child has been crying for half a day.）

我工作了 10 个小时。（I have worked for 10 hours.）

在这个例句中，时量补语表示状态的持续时间。“哭了半天了”表示那个孩子一直在哭持续了半天的时间。“工作了 10 个小时”表示我工作的时间达到了 10 个小时后结束。在英语中，表示状态持续时间的部分通常也需要使用 for 或 since 等介词来表示时间的持续。

时量补语是汉语语法中用来表示动作或状态持续时间的重要成分。它通常由表示时间的词语和表示量词的词语组成，用来进一步说明动作或状态的持续时间。汉语中时量补语与英语中的时间表达有一些差异，主要在介词的使用上。

五 练习题（Liànxítí）Exercises

1. 在大型港口，经常可以看到各种 ________ 进行货物装卸作业。
2. ________ 是指为了确保航船安全航行而设置的路径。
3. 航运公司利用 ________ 系统来确保船只的准确航行。
4. 大型船只在进入狭窄河道时需要通过 ________ 来调整航向。
5. 为了克服水位变化的挑战，________ 被用于提升船只至更高或更低的水道。
6. 集装箱运输是现代航运中常见的货物运输方式，一般使用特制的 ________。
7. 在船舶设计中，________ 是一个重要的考虑因素，它影响着船舶的稳定性。
8. 船舶的 ________ 通常装有救生器具和其他紧急设备。

 中国国情与文化（Zhōngguó Guóqíng yǔ Wénhuà）Chinese National Conditions and Culture

大河放排

放排，或者叫放木排，是一种古老、原始的木材运输方式。具体说来就是将采伐的原木捆绑到一起，借助水流为动力，从江河上游漂运到下游。树木和林场多在山上，地势较高，所以可以用筏子直接顺流而下，筏子既是运输工具，又是货物，一举两得。到了下游后，靠岸后直接把木头卖给买家。这个惊险高危、生死无常的古老职业，从春秋战国时就传承了下来。凡有大江大河之地，放排人的身影就川流不息。在中国的广东省的梅江、湖南省的潇水、贵州省的清水江、广西壮族自治区的西江、四川省的岷江、黑龙江省的嫩江流域曾经有很多人从事经常性的放排活动。到了20世纪70年代，山区火车的通行提高了木材运出大山的速度，大河中放排的活动慢慢地少了起来。

黑龙江省的森林资源丰富，又有嫩江、乌苏里江、绥芬河、牡丹江和松花江等河流。历史上，嫩江大量木材运出山外，采用陆运和水运两种方式。由于与陆路运输相比，水路运输价格低廉，短期内运出量大，嫩江上游两岸又地处大小兴安岭接合部深山区，丰富的森林资源和适宜的嫩江水运条件，使“放排”行业在嫩江应运而生。放排是在一定历史时期，嫩江两岸人民的一种谋生方式，也是一种比较危险的行业。但是特殊的地理环境和生计方式练就了放排工人独特的性格和心理，也使放排工人这个群体在谋生技术、生活方式、社会组织、婚姻家庭等方面形成了自己的文化。

嫩江放排，从清朝康熙年间算起，有300多年的历史了。在康熙年间，清朝政府为了加强我国东北地方的边疆防务，在嫩江岸畔修建了墨尔根（嫩江县城）、卜奎（齐齐哈尔市）等城镇，建筑所需木材大多都是从嫩江及其支流水路运输。在清朝末期，齐齐哈尔市、嫩江等地出现了木材交易市场，更加促进了放排行业的发展。《黑龙江外记》卷八中讲道：“齐齐哈尔用木……由嫩江运下，积城西北，两人合抱之材。”

图 41 大河放排

三百年间，放排不知曾经牵动过多少人的心。那些已逝的放排人，每年在嫩江两岸林区深处的原始森林伐木、抬木、扎排、放排。他们勤劳智慧、乐观豁达、忠义孝悌的优秀品质和一个个口口相传的动人故事，至今仍在嫩江两岸传诵。每到放排季节，抬眼望去，大江之上，木排首尾相连，沿江而下。排工们挥动着竿子，不时发出浑厚的号子声。年年岁岁，春夏秋冬，很多人的酸甜苦辣、喜怒哀乐、生死离别都与排子直接相关，在电视剧《闯关东》第 22 集和第 23 集[1]中再现了放排的情景。

北方把专门从事这个职业的人叫作江驴子，南方叫作排古佬；不管南北，放排和挖煤的一样都属于高危行业。在放排行业，排木工人主要以中青年男性为主。排工文化程度普遍偏低，在新中国成立前，以文盲占多数；在新中国成立后，多为小学以下。放排作为高危险的行业，伤亡事故往往很多，故放排工多为贫苦家庭出身。放排免不了要加工木材，要拉大锯。拉大锯要两个人大锯上拉下拽，累得肩膀肌肉生疼。但是想到有钱挣、能吃饱饭，只有忍受。为打破拉锯时的枯燥乏味，跟随拉动节奏，有人在心中默数“五分一角，五分一角”。由于放排过程中需要高度的协作性，所以放排工人都有很强的群体意识。他们从扎排、行排到交排全过程不仅要勇敢无畏、沉着冷静，更需要团结合作。在长期与激流险滩搏斗

[1] 参考影视作品《闯关东》第 22 集、第 23 集和电影《没有航标的河流》。

中，排工们在“口爷”和“把头”的指挥下，只有齐心协力，才能够生存发展。放排一般要等到春暖花开下大雨时。那时候河水就像脱缰的野马，排子就像坐跷跷板一样，人在上面相当凶险，尤其是急湾险滩。因此，放排的人，一要胆大，二要有力气，三要灵活。能坚持下来的，通常在当地很有威望和号召力。

山林茂密，江水湍急，道路崎岖。在没有铁路、公路的时代，想把藏于深山老林中的木材运输出来，只能采用肩挑、马拉再用水运的传统方式。放木排这一技术行业，由此应运而生。冬季伐木，运到江边，用藤葛或绳索或铁丝绑成木排，等春天来临江水上涨开始放排了。随着运输方式的变革和国家林业政策的调整，几十年来这一行业在中国也日渐衰微并将最终退出历史舞台。

思考题

1. 古时候人们放排运送木材，这有什么好处？
2. 放排是一个比较危险的行业，放排的人一般都是什么人？
3. 为什么这一行业在慢慢退出历史的舞台？

高频汉字（Gāopín Hànzì）High-frequency Chinese Characters

（一）本课高频汉字

强　两　些　表　系　办　教　正　条　最　达　特

（二）读音、词性、经常搭配的词和短语

强　qiáng　形容词　强大，增强，身强力壮
两　liǎng　数量词　两个，两天，两边

些　xiē　量词　一些，这些，那些

表　biǎo　名词　表格，表面，表皮

系　xì　名词　系统，关系，银河系

办　bàn　动词　办法，办理，办公

教　jiāo　动词　教育，教学，教导

正　zhèng　形容词　正门，正在，正面

条　tiáo　量词　一条鱼，一条大河

最　zuì　副词　最后，最大，最近

达　dá　动词　达到，到达，通达

特　tè　副词　特别，特点，特好看

（三）书写笔顺

强

两

些

表

系

办

教 一 十 土 耂 耂 考 孝 孝 孝

孝 教

正 一 丅 下 证 正

条 丿 夕 夂 冬 夅 条 条

最 丨 冂 日 日 旦 早 吊 昂 昂

昂 最 最

达 一 ナ 大 ⻌大 达 达

特 丿 𠂉 牛 牛 牜 牜 牡 牡 特

特

第 17 课
水电站工作原理、特点与类型

 对话（Duìhuà）Dialogue

A：什么是水力发电？

B：水力发电是利用水的能量转化成机械能，然后再将机械能转化为电能的一种发电方式。

A：水力发电属于什么类型的能源？

B：水力发电属于可再生能源和清洁能源的范畴。

A：什么是坝式水电站？

B：坝式水电站是在河流中建造一座大坝，利用水坝形成的水头产生动能，通过水轮机将水能转化为电能的水电站。

A：引水式水电站和河床式水电站有何不同？

B：引水式水电站需要将水引到有适当落差的地方利用水头发电，而河床式水电站是直接利用河床上的自然水头进行发电。

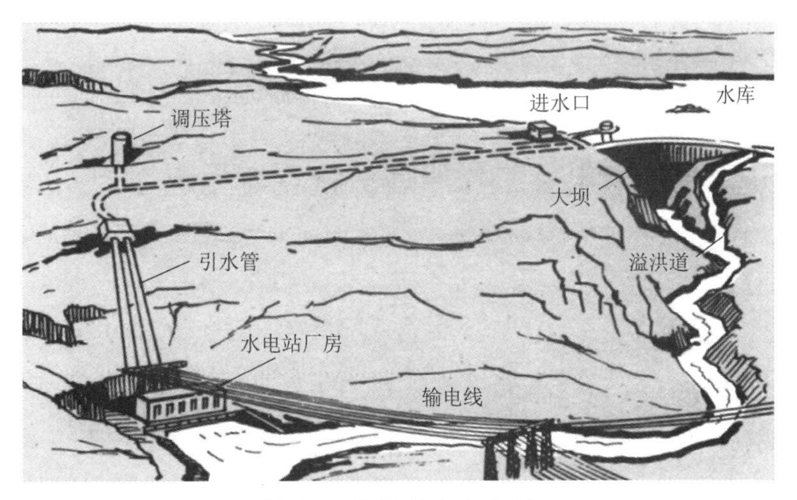

图 42　有压引水水电站

A：什么是重力坝和拱坝？

B：重力坝是利用大块混凝土重力抵抗水压的大坝，而拱坝则是利用拱形结构承受水压的大坝。

A：溢洪道和闸门有什么作用？

B：溢洪道和闸门是用来控制水库水位的设施，可以在需要的时候进行放水以控制水位。

A：水电站的厂房通常建在哪里？

B：水电站的厂房一般建在坝式水电站的大坝一端或者是大坝的后面（大坝阻挡了水库中水的压力，用压力管道把水库的水引过来）。

A：在枯水季节，水电站能否正常发电？

B：在枯水季节，水电站的发电量可能会受到限制，但是一般仍能正常发电。

A：在丰水季节，水电站的运行情况如何？

B：在丰水季节，水电站可能会增加发电量，需要通过放水等方式控制水位。

A：压力隧洞的作用是什么？

B：压力隧洞是将水引向水轮机的管道，通过高速的水流产生压力，驱动水轮机进行发电。

课文（Kèwén）Text

水电站工作原理、特点与类型

水是我们生命中不可或缺的资源，是人类生存和发展的基石之一。水资源的利用和管理对于社会和经济的发展至关重要。水电站是一种重要的水资源利用方式，可以将水的流动转化为电能，为人类提供清洁、可再生的能源。

水电站有多种类型，包括河床式水电站、坝后式水电站、坝内式水电站和引水式水电站。其中，坝式水电站是最常见的一种，它通常由厂房和大坝组成。大坝可以是重力坝或拱坝，用于拦截水流并形成水库。水库在枯水季节可以储存水资源，而在丰水季节可以控制水流并发电。

为了防止水库溢出造成灾害，水电站通常会设计溢洪道和闸门。溢洪道可以将多余的水流放出，而闸门可以控制水流的流量和方向。

图 43　坝式水电站

引水式水电站则是将水流引入水轮机发电，通常需要建设有压引水式电站或无压引水电站。有压引水式电站通过压力隧洞将水流导入水轮机，无压引水电站则通过管道引导水流进入水轮机。

水力发电是一种非常重要的可再生能源和清洁能源，它可以减少对化石燃料的依赖，并减少对环境的污染。随着技术的不断进步和水资源的合理利用，水电站将继续发挥着重要的作用，为人类提供可靠的能源和环境保护。

三　生词与短语（Shēngcí yǔ Duǎnyǔ）New Words and Expressions

可再生能源	kězàishēng néngyuán	*NP.* renewable energy
坝式水电站	bàshì shuǐdiànzhàn	*NP.* dam hydropower plants
枯水季节	kūshuǐ jìjié	*NP.* dry season

丰水季节	fēngshuǐ jìjié	*NP.* wet season
厂房	chǎngfáng	*n.* powerhouse
渠道	qúdào	*n.* channels
压力前池	yālì qiánchí	*NP.* pressure forebays
进水口	jìnshuǐkǒu	*NP.* water inlets
溢洪道	yìhóngdào	*n.* spillways
河床式水电站	héchuángshì shuǐdiànzhàn	*NP.* river bed type hydropower station
坝后式水电站	bàhòushì shuǐdiànzhàn	*NP.* dam behind type hydropower station
坝内式水电站	bànèishì shuǐdiànzhàn	*NP.* inside dam type hydropower station
引水式水电站	yǐnshuǐshì shuǐdiànzhàn	*NP.* diversion type hydropower station
有压引水式电站	yǒuyāyǐnshuǐshì diànzhàn	*NP.* pressurized diversion power stations
无压引水式电站	wúyāyǐnshuǐshì diànzhàn	*NP.* non-pressure diversion power station
压力隧洞	yālì suìdòng	*NP.* pressure tunnels

四 注释（Zhùshì）Notes

（一）重力坝、拱坝

在世界范围内大坝的类型主要有重力坝、拱坝和土石坝三种，它们各有特点和适用条件。有人很形象地这样描述前两种大坝类型的特点：重力坝就是拿一块大石头堵在水沟上，完全靠自身的重量不让水冲走。拱坝也称应力坝，可以理解为一个铁片窝成拱形插在水沟上将水挡住，它是靠自身的应力状况来保证挡水的目的。选择什么样的大坝类型要考虑河流的地质条件、水文、预算、技术手段等要素。接下来进一步了解两种大坝更多信息。

图 44　重力坝（中国三峡水电站）

重力坝是用混凝土或砌石建成的水坝，用材料本身的重量来抵抗水要往下流的水平压力。重力坝的设计是使坝身的每一部分都不需其他坝身的支撑，本身即可稳定。它的建造需要具备以下条件：基础地质条件要稳定，河床具有高强度的坝基，能够承受重力坝的自身重量和水压力；坝址附近不应有活动断层和强烈地震活动；建造重力坝的材料如水泥等要充足。优点是稳定性好，能够承受较大的水压力；施工相对简单，造价较低；维护保养较方便。缺点是需要大量的混凝土和钢筋等材料，造成较大的资源消耗；坝体较厚重，占用较多的土地面积。

拱坝是在平面上向河流上游方向弯曲的混凝土水坝。水压通过拱形结构传递给两岸基岩，坝体结构因此被压缩并加强。拱坝适合建造在拥有稳定岩石峭壁的峡谷中，以支持其结构和应力。拱坝比任何其他坝型都更薄，可以大为节省建筑材料，因此在偏远地区更经济实用。它的建造需要具备以下条件：坝址地质条件要稳定，能够承受拱坝的水压力和反力，也就是说两岸的山体岩石得足够坚硬和稳定；坝址河谷形状适合形成拱形结构。优点是抗水压性能好，适用于高坝；坝体较薄轻，占用较少的土地面积；坝体构造美观。不足之处是建造难度较大，施工周期较长，对技术要求比较高。

图 45　拱坝（中国乌东德水电站）

选择适合的坝型是水利水电工程成功建设的重要因素，需要充分考虑工程的地质条件、材料供应情况以及工程投资等多个方面的因素。值得注意的是当前利用水资源发电的大坝主要是重力坝和拱坝。

（二）动词重复出现

汉语语法中的一个句子中动词重复出现，第二个动词后面是表示时间的词语，是一种常见的表达方式，用来表达动作的持续时间。例句：

他看电视看了 100 分钟。（He watched TV for 100 minutes.）

哥哥做饭做了 2 个小时。（My brother cooked for 2 hours.）

在这些例句中，第二个动词重复了第一个动词，并在后面加上表示时间的词语，如“看了 100 分钟”表示他持续看电视了 100 分钟，“做了 2 个小时”表示哥哥持续做饭了 2 个小时。

在英语中，可以使用动词的进行时态来表示动作的持续时间。例如，“他正在看电视”可以译为“He is watching TV”，“哥哥正在做饭”可以译为“My brother is cooking”。而如果要强调动作的持续时间，可以使用 for 或 since 等介词来表示。例如，“他看了 100 分钟的电视”可以译为“He watched TV for 100 minutes”；“哥哥做了 2 个小时的饭”可以译为“My brother cooked for 2 hours”。

更多的例子：

我朋友找工作找了 30 天也没有找到。（My friend has been looking for a job for 30 days and still hasn't found one.）

在这个例句中，第二个动词重复了第一个动词，并在后面加上表示时间的词语“30 天”，表示动作的重复次数。“找工作找了 30 天”表示我朋友连续进行了 30 天的找工作的动作。在英语中，可以使用动词的进行时态来表示动作的进行。例如，“他正在找工作”可以译为“He is looking for a job.”。而如果要强调动作的重复次数，可以使用连续动词来表示。例如，“他找工作找了 30 天”可以译为“He has been looking for a job for 30 days.”。

在汉语语法中，一个句子中动词重复出现，第二个动词后面是表示时间的词语，是一种常见的表达方式。它可以用来强调动作的持续时间。与英语对比，汉语中使用这种结构的表达方式有一些差异，主要在介词的使用上。

五　练习题（Liànxítí）Exercises

1. ________ 是将水流的动能转换成电能的一种环保和可持续的能源方式。
2. ________ 常建在河流上，用来储存水资源并支持水力发电。
3. ________ 是通过在河流上建造坝体来发电的一种类型。
4. ________ 通常在洪水季节控制洪水和在旱季提供水源。
5. ________ 是一种将水从高处引导到低处，利用水势差发电的水电站。
6. ________ 用于控制水电站进水口的水流量。
7. ________ 是用于处理水电站多余水量，保证水库安全的设施。
8. ________ 一般建在大坝下游，用于发电设备的安置和发电操作。

六 中国国情与文化（Zhōngguó Guóqíng yǔ Wénhuà）Chinese National Conditions and Culture

中国全球发展倡议

2021 被称作“全球发展倡议”元年，因为这一年 9 月 21 日国家主席习近平在北京以视频方式出席第七十六届联合国大会一般性辩论并发表题为《坚定信心　共克时艰　共建更加美好的世界》的讲话。

2021 年 9 月 21 日，疫情仍在全球肆虐，各国的人员、物资流动都受到极大的限制。习近平在讲话中首先谈到“我们必须战胜疫情，赢得这场事关人类前途命运的重大斗争。人类总是在不断战胜挑战中实现更大发展和进步。”并表示中国将努力全年对外提供 20 亿剂疫苗，承诺 2021 年年内再向发展中国家无偿捐赠 1 亿剂疫苗。接下来习近平主席提出全球发展倡议（Global Development Initiative，GDI）：

一是坚持发展优先。将发展置于全球宏观政策框架的突出位置，加强主要经济体政策协调，保持连续性、稳定性、可持续性，构建更加平等均衡的全球发展伙伴关系，推动多边发展合作进程协同增效，加快落实联合国 2030 年可持续发展议程。

二是坚持以人民为中心。在发展中保障和改善民生，保护和促进人权，做到发展为了人民、发展依靠人民、发展成果由人民共享，不断增强民众的幸福感、获得感、安全感，实现人的全面发展。

三是坚持普惠包容。关注发展中国家特殊需求，通过缓债、发展援助等方式支持发展中国家尤其是困难特别大的脆弱国家，着力解决国家间和各国内部发展不平衡、不充分问题。

四是坚持创新驱动。抓住新一轮科技革命和产业变革的历史性机遇，加速科技成果向现实生产力转化，打造开放、公平、公正、非歧视的科技发展环境，挖掘疫后经济增长新动能，携手实现跨越发展。

五是坚持人与自然和谐共生。完善全球环境治理，积极应对气候变化，构建人与自然生命共同体。加快绿色低碳转型，实现绿色复苏发展。

中国将力争在 2030 年前实现碳达峰、2060 年前实现碳中和，这需要付出艰苦的努力，但是我们会全力以赴。中国将大力支持发展中国家能源绿色低碳发展，不再新建境外煤电项目。

六是坚持行动导向。加大发展资源投入，重点推进减贫、粮食安全、抗疫和疫苗、发展筹资、气候变化和绿色发展、工业化、数字经济、互联互通等领域合作，构建全球发展命运共同体。

发展是实现人民幸福的关键，是解决一切问题的总钥匙。全球发展离不开相互尊重、合作共赢的国际关系，离不开合理的全球治理和真正的多边主义，也离不开新科学、新技术的推动。中国的发展倡议具有世界意义，这与联合国的《联合国 2030 年可持续发展议程》同向而行。

世界经济受疫情冲击复苏步履维艰，南北“发展鸿沟”仍在不断扩大。中国的全球发展倡议秉持以人民为中心的发展理念，遵循务实合作的行动指南，倡导开放包容的伙伴精神，呼吁国际社会加快落实 2030 年可持续发展议程，推动实现更加强劲、绿色、健康的全球发展，构建全球发展命运共同体。不仅发展中国家积极支持和呼应倡议，不少发达国家也对倡议表示欢迎，对倡议提出的理念和合作领域表示认同。

思考题

1. 中国全球发展倡议提出的时间、方式、背景是怎样的?
2. 中国全球发展倡议的六项内容是什么?
3. 中国全球发展倡议有什么意义?

七　高频汉字（Gāopín Hànzì）High-frequency Chinese Characters

（一）本课高频汉字

收　二　期　并　程　广　如　道　际　及　西

（二）读音、词性、经常搭配的词和短语

收	shōu	动词	收入，收获，接收
二	èr	数词	二十，第二，二哥
期	qī	名词	时间期限，时期，期间
并	bìng	连词	并且，合并，并非
程	chéng	名词	程序，过程，工程
厂	chǎng	名词	工厂，厂家，煤矿厂
如	rú	构词语素	如何，如果，如同
道	dào	名词	道路，一道，道理
际	jì	名词	边际，国际，实际
及	jí	动词	及格，及时
西	xī	名词	西方，西部，西北

（三）书写笔顺

收

二

期

期期期

并

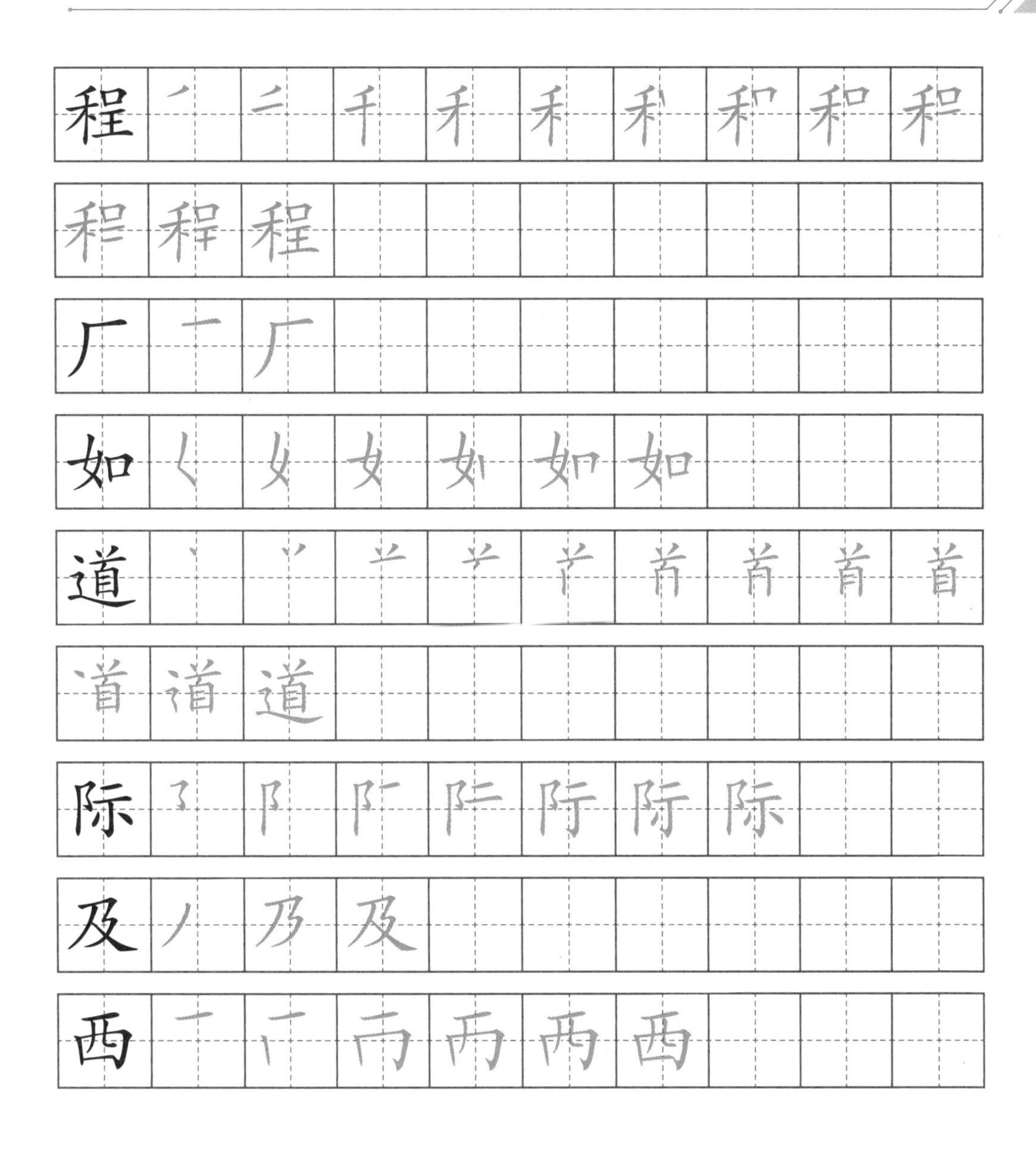

第 18 课
水电站厂房的组成及布置

一 对话（Duìhuà）Dialogue

A：水电站的建筑物有哪些类型？

B：水电站的建筑物包括挡水建筑物、进水建筑物和泄水建筑物。

A：挡水建筑物包括哪些？

B：挡水建筑物主要包括拦河坝和水闸，其中拦河坝又分为混凝土重力坝、拱坝和土石坝。

A：进水建筑物由哪些部分组成？

B：进水建筑物主要由进水口、压力前池、调压室、压力水管等部分组成。

图 46　水电站压力水管

A：进水口有哪些类型？

B：进水口有无压进水口和有压进水口两种类型。

A：泄水建筑物包括哪些？

B：泄水建筑物主要包括河岸溢洪道、溢流坝、溢洪洞和尾水渠。

图 47　溢洪道

A：溢洪道的作用是什么？

B：溢洪道是在拦河坝上建造的，是水电站洪水调度的重要设施，可以控制水位并保护大坝。水库中的水位高于一定程度的时候水从溢洪坝上方流出。

A：隧洞是什么？

B：隧洞是在山体或地下建造的通道，用于引水或排水。

A：尾水洞是用来做什么的？

B：尾水洞是用来将水从水轮机组中流出的尾水排放到下游的地方。

A：交通洞有什么作用？

B：交通洞主要用于人员进出水电站内部的通道。

A：排水洞有什么作用？

B：排水洞主要用于排放水电站内部的积水或雨水，确保水电站的安全运行。

二 课文（Kèwén）Text

水电站厂房的组成及布置

水电站是利用水能转化为电能的设施，其建筑物包括挡水建筑物、进水建筑物、泄水建筑物和尾水建筑物等。其中，挡水建筑物主要有混凝土重力坝、拱坝和土石坝等。混凝土重力坝是一种较为常见的挡水建筑物，其结构较为稳定，可用于较高的水位。而拱坝则是一种曲线形的挡水建筑物，其结构能够承受水压力的作用，适用于深谷或狭窄河谷。

图 48　白鹤滩水电站发电厂房[1]

进水建筑物是引导水流进入水轮机的建筑物，进水口是水流进入建筑物的入口，可以分为无压进水口和有压进水口。有压进水口通过压力前池将水流导入调压室，然后通过压力水管进入水轮机，而无压进水口则不需要压力前池。

[1] 左岸 8 台发电机组，右岸 8 台发电机组，每台 100 万千瓦时。

泄水建筑物主要包括溢洪道、渠道和溢流坝等。溢洪道可以将多余的水流放出，以减轻水库压力，避免洪水灾害。溢流坝是一种可调节水位的泄水建筑物，通过调节坝顶高度来控制水流。

尾水建筑物则是水流通过水轮机后流出的建筑物，主要包括尾水渠、尾水洞和交通洞等。尾水渠将水流引导回原来的河道，而尾水洞则是水流通过管道流出的洞口。交通洞和通风洞则用于方便维护和管理水电站设施。

水电站的建设还需要考虑隧洞的建设。隧洞是用于引导水流到水轮机的管道，通常需要建设排水洞和通风洞等设施，以确保水轮机的正常运行。水电站的建设需要综合考虑水资源的特点和当地的自然环境，以确保设施的安全可靠。

生词与短语（Shēngcí yǔ Duǎnyǔ）New Words and Expressions

发电站厂房	fādiànzhàn chǎngfáng	*NP.* power station building
调压室	tiáoyāshì	*NP.* surge chambers
压力水管	yālì shuǐguǎn	*NP.* pressure pipe
尾水渠	wěishuǐqú	*n.* tailraces
溢流坝	yìliúbà	*n.* overflow dams
渠道	qúdào	*n.* channels
隧洞	suìdòng	*n.* tunnels
水轮机	shuǐlúnjī	*n.* turbines
水轮发电机	shuǐlún fādiànjī	*NP.* hydraulic generators
调速器油压系统	tiáosùqì yóuyā xìtǒng	*NP.* governor oil pressure systems
尾水洞	wěishuǐdòng	*n.* tail water tunnels
排水洞	páishuǐdòng	*n.* drainage tunnels
发电机	fādiànjī	*n.* generators
引水部件	yǐnshuǐ bùjiàn	*NP.* water diversion components

流量	liúliàng	*n.* flow rate
电压	diànyā	*n.* voltage
电流	diànliú	*n.* current
水电站厂用电系统	shuǐdiànzhànchǎng yòngdiàn xìtǒng	*NP.* hydropower plant power system

四 注释（Zhùshì）Notes

（一）水力发电站厂房

水力发电站厂房是一个复杂而精确的工程项目，涉及许多细致的考虑和规划。其中，厂房布局的合理性直接影响着发电站的运行效率和安全。一般来说，水力发电站厂房的布局要充分考虑水流的方向和流速，以便最大限度地利用水能。此外，厂房的各个部分，如主机房、辅助机房、控制室等，都需要有合理的空间分配和布局，确保人员和设备之间的协调运作。不同类型的水力发电站，例如梯级、地下、船型等，其厂房布局也有所不同，需要根据具体情况灵活设计。

水力发电站厂房的主要设备包括水轮机、发电机、变压器、调速装置等。其中，水轮机是发电过程中的核心设备，它将水流的动能转化为机械能。根据水流的不同特点，水轮机有许多不同类型，如蝶形、斜流、轴等。

发电机则将机械能转化为电能，输出到电网。变压器的作用是调整电压，使之适应不同的输电要求。而调速装置则确保发电机运行在稳定的速度，以保证电力的质量。这些主要设备的协调工作是水力发电站能够稳定、高效运行的关键。通过了解这些设备的功能和原理，人们可以更深刻地理解水力发电这一环保、可再生的能源技术，也有助于推动社会对清洁能源的认识和利用。

图 49　电网

（二）动态助词“了”

动态助词“了”是汉语中用来表示动作或事情发生在过去的虚词，它不仅可以表示过去时，还可以表示完成或变化等含义。在汉语中，由于缺乏形态的变化，动态助词“了”在句子中起到非常重要的作用，帮助表达事件发生的时间和状态的变化。

1. 动态助词“了”用于表示动作已经完成或事件发生在过去。类似于英语中的过去时态。例如：

我们想了半天终于明白这道题的答案了。（We thought for a long time and finally understood the answer to this question.）

他吃了两碗米饭。（He ate two bowls of rice.）

小两口昨天买了一座大房子。（The young couple bought a big house yesterday.）

对比英语，表示动作完成或过去时的方式在汉语和英语中略有不同。英语使用过去时态动词来表示动作发生在过去，而汉语则在动词后加上“了”来表示同样的含义。

我昨天去了图书馆。（I went to the library yesterday.）

她买了一本新书。（She bought a new book.）

他上个月参加了一场国际会议。（He attended an international conference last month.）

2. 表示完成或变化。除了表示过去时，动态助词“了”还可以表示动作的完成或状态的变化。例如：

我学了一年的汉语了。（I have been learning Chinese for one year.）

她终于找到了工作。（She finally found a job.）

这里的天气变化很快，一会儿下雨了，一会儿又放晴了。（The weather here changes rapidly. It's raining now，and soon it will be clear again.）

对比英语，汉语中的动态助词“了”在很多情况下没有直接对应的英语单词，需要根据具体语境来理解其含义。在英语中，过去时态通常使用过去式动词来表示，而完成时态则使用助动词 have/has 加上过去分词来表示。例如：

I went to the library yesterday.（我昨天去了图书馆。）

She has bought a new book.（她买了一本新书。）

He attended an international conference last month.（他上个月参加了一场国际会议。）

总体而言，动态助词“了”在汉语中是一个非常常用且具有丰富含义的虚词，能够帮助表达动作的发生时间和状态的变化，是汉语句子中不可或缺的一部分。在学习汉语时，理解和掌握动态助词“了”的用法对于正确理解和运用汉语语法非常重要。当然，这也是中文学习中的难点。

五 练习题（Liànxítí）Exercises

1. 在水电站中，________ 主要用于发电设备的安置和操作。
2. 为了调整水流压力，________ 被安装在水电站的关键位置。
3. ________ 的作用是将水从水库引导到水轮机。
4. ________ 在水电站中用于安全释放多余的水量。

5. 水电站中的 ________ 是将水的动能转换为电能的关键设备。
6. 为了控制水轮机的转速，水电站装有复杂的 ________。
7. ________ 是水电站中用于排放已通过水轮机的水流的渠道。
8. ________ 被用于发电过程中的水流控制和导引。

六　中国国情与文化（Zhōngguó Guóqíng yǔ Wénhuà）Chinese National Conditions and Culture

中国全球安全倡议

外交部发布的《全球安全倡议概念文件》[1]全文 5581 字，包括背景、核心理念与原则、重点合作方向（20 个，涵盖国际组织、大国关系、区域安全、领域安全）、合作平台和机制四部分。其中第二部分即“六个坚持”，是对全球安全倡议的最新阐释，也是《全球安全倡议概念文件》的思想和灵魂。我们节选了文件的主要观点并就一些观点进行评述。

一、背景

安全问题事关各国人民的福祉，事关世界和平与发展的崇高事业，事关人类的前途命运。当前，世界之变、时代之变、历史之变正以前所未有的方式展开，国际社会正经历罕见的多重风险挑战。地区安全热点问题此起彼伏，局部冲突和动荡频发，新冠疫情延宕蔓延，单边主义、保护主义明显上升，各种传统和非传统安全威胁交织叠加。和平赤字、发展赤字、安全赤字、治理赤字加重，世界又一次站在历史的十字路口。我们所处的是一个充满挑战的时代，也是一个充满希望的时代。我们深信，和平、发展、合作、共赢的历史潮流不可阻挡。维护国际和平安全、促进全球发展繁荣，应该成为世界各国的共同追求。

---

[1] 中华人民共和国外交部．全球安全倡议概念文件［EB/OL］．(2023-02-21)［2024-10-24］．https://www.mfa.gov.cn/web/ziliao_674904/1179_674909/202302/t20230221_11028322.shtml．

二、核心理念与原则

（一）坚持共同、综合、合作、可持续的安全观。习近平主席2014年首次提出共同、综合、合作、可持续的新安全观，赢得国际社会普遍响应和广泛认同。

（二）坚持尊重各国主权、领土完整。主权平等和不干涉内政是国际法基本原则和现代国际关系最根本准则。我们主张国家不分大小、强弱、贫富，都是国际社会的平等一员，各国内政不容干涉，主权和尊严必须得到尊重，自主选择发展道路和社会制度的权利必须得到维护。

（三）坚持遵守联合国宪章宗旨和原则。联合国宪章宗旨和原则承载着世界人民对两次世界大战惨痛教训的深刻反思，凝结了人类实现集体安全、永久和平的制度设计。

（四）坚持重视各国合理安全关切。人类是不可分割的安全共同体，一国安全不应以损害他国安全为代价。我们认为，各国安全利益都是彼此平等的。

（五）坚持通过对话协商以和平方式解决国家间的分歧和争端。战争和制裁不是解决争端的根本之道，对话协商才是化解分歧的有效途径。

（六）坚持统筹维护传统领域和非传统领域安全。当前，安全的内涵和外延更加丰富，呈现更加突出的联动性、跨国性、多样性，传统安全威胁和非传统安全威胁相互交织。

上述“六个坚持”彼此联系、相互呼应，是辩证统一的有机整体。其中，坚持共同、综合、合作、可持续的安全观是理念指引，坚持尊重各国主权、领土完整是基本前提，坚持遵守联合国宪章宗旨和原则是根本遵循，坚持重视各国合理安全关切是重要原则，坚持通过对话协商以和平方式解决国家间的分歧和争端是必由之路，坚持统筹维护传统领域和非传统领域安全是应有之义。

三、重点合作方向

实现世界持久和平，让每一个国家享有和平稳定的外部环境，让每一个国家的人民都能安居乐业，人民权利得到充分保障，是我们的共同愿望。各国需要同舟共济、团结协作，构建人类安全共同体，携手建设一个远离恐惧、普遍安全的世界。

（一）积极参与联合国秘书长“我们的共同议程”报告关于制定“新和平纲领”等建议的工作。支持联合国加大预防冲突努力，充分发挥建设和平架构的作用，帮助冲突后国家开展建设和平工作。进一步发挥中国－联合国和平与发展基金秘书长和平与安全子基金作用，支持联合国在全球安全事务中发挥更大作用。

（二）促进大国协调和良性互动，推动构建和平共处、总体稳定、均衡发展的大国关系格局。大国在维护国际和平与安全上承担着特殊重要的责任。倡导大国带头讲平等、讲诚信、讲合作、讲法治，带头遵守《联合国宪章》和国际法。坚持相互尊重、和平共处、合作共赢，坚守不冲突不对抗的底线，求同存异、管控分歧。

（三）坚决维护“核战争打不赢也打不得”共识。遵守 2022 年 1 月五核国领导人发表的《关于防止核战争与避免军备竞赛的联合声明》，加强核武器国家对话合作，降低核战争风险。维护以《不扩散核武器条约》为基石的国际核不扩散体系，积极支持有关地区国家建立无核武器区。

（四）全面落实第 76 届联大通过的“在国际安全领域促进和平利用国际合作”决议。在联合国安理会防扩散委员会、《禁止化学武器公约》《禁止生物武器公约》等框架下开展合作，推动全面禁止和彻底销毁大规模杀伤性武器，提升各国防扩散出口管制、生物安全、化武防护等方面的能力水平。

（五）推动政治解决国际和地区热点问题。鼓励当事国坚持通过坦诚对话沟通，化解分歧，寻求热点问题的解决之道。支持国际社会在不干涉内政前提下，以劝和促谈为主要方式，以公平务实为主要态度，以标本兼治为主要思路，建设性参与热点问题政治解决。支持通过对话谈判政治解决乌克兰危机等热点问题。

（六）支持和完善以东盟为中心的地区安全合作机制和架构，秉持协商一致、照顾各方舒适度等“东盟方式”，加强地区国家间的安全对话与合作。支持在澜沧江－湄公河合作框架下推进非传统安全领域合作，通过澜湄合作专项基金实施相关合作项目，努力打造全球安全倡议实验区，共同维护地区和平稳定。

其他内容涵盖了中东、非洲、拉美和加勒比海地区、环太平洋岛屿国家、航行与水资源安全、反对恐怖主义、信息安全合作、生物安全风险管理、人工智能等新兴科技领域、外太空等领域的安全、合作的中国理念和主张。

四、合作平台和机制

（一）利用联合国大会和各相关委员会、安理会、相关机构以及其他有关国际和地区组织等平台，根据各自职责，围绕和平与安全问题广泛讨论沟通，提出共同倡议主张，汇聚国际社会应对安全挑战共识。

（二）发挥上海合作组织、金砖合作、亚信、“中国＋中亚五国”、东亚合作相关机制等作用，围绕彼此一致或相近目标逐步开展安全合作。推动设立海湾地区多边对话平台，发挥阿富汗邻国外长会、非洲之角和平会议等协调合作机制作用，促进地区乃至世界的和平稳定。

（三）适时举办全球安全倡议高级别活动，加强安全领域政策沟通，促进政府间对话合作，进一步凝聚国际社会应对安全挑战合力。

（四）支持中非和平安全论坛、中东安全论坛、北京香山论坛、全球公共安全合作论坛（连云港）以及其他国际性交流对话平台为深化安全领域交流合作继续作出积极的贡献。鼓励创设全球性安全论坛，为各国政府、国际组织、智库、社会组织等发挥各自优势参与全球安全治理提供新平台。

（五）围绕应对反恐、网络、生物、新兴科技等领域安全挑战，搭建更多国际交流合作平台和机制，共同提升非传统安全治理能力。鼓励各国高等军事院校、高等警察院校之间加强交流合作。未来 5 年中方愿向全球发展中国家提供 5000 个研修培训名额用于培养专业人才，共同应对全球性安全问题。

五、中国全球安全倡议的实践案例

2023 年 3 月 10 日，外交部发布《中华人民共和国、沙特阿拉伯王国、伊朗伊斯兰共和国三方联合声明》，沙特与伊朗一致同意结束长久的敌对关系，愿意恢复建立外交关系。中国为伊朗和沙特阿拉伯同意恢复外交关系发挥了重要的作用，为中东地区实现和平、稳定与安全提供了助力。这为降低两国的紧张关系，解决也门冲突、缓解叙利亚局势以及提升地区和平打开了大门。

全球安全倡议秉持开放包容原则，欢迎和期待各方参与，共同丰富倡议内涵，积极探索开展新形式、新领域的合作。中方愿同世界上所有爱好和平、追求幸福的国家和人民携手同行，协力应对各种传统和非传统安全挑战，并肩守护地球家园的和平安宁，共同开创人类更加美好的未来，让和平的薪火代代相传、平安的钟声响彻人间。

思考题

1. 中国全球安全倡议的核心理念与原则是怎样的?
2. 中国全球安全倡议的重点合作方向是什么?
3. 中国全球安全倡议的合作平台和机制是什么?

七 高频汉字（Gāopín Hànzì）High-frequency Chinese Characters

（一）本课高频汉字

口　京　华　任　调　性　导　组　东　路　活　广

（二）读音、词性、经常搭配的词和短语

口	kǒu	名词	入口，出口，口语
京	jīng	名词	北京，京剧，京城
华	huá	名词	中华，华人，华裔

任	rèn	动词	任命，任务，任免
调	diào/tiáo	动词	调查，调动；调整
性	xìng	名词	性质，性格，性别
导	dǎo	动词	导航，引导，导演
组	zǔ	名词 / 动词	小组，调查组；组织，组合
东	dōng	名词	东方，东部，中东
路	lù	名词	道路，路线，公路
活	huó	动词	活动，生活，活跃
广	guǎng	形容词	广场，广播，广大

（三）书写笔顺

口

京

华

任

调

性

导

组

东

路

活

广

第 19 课
水电站机电设备系统

一 对话（Duìhuà）Dialogue

A：什么是水电站？

B：水电站是一种利用水能转化为电能的工业设施，主要由水轮机、发电机、变压器、电力输出等部分组成。

A：什么是水轮机？

B：水轮机是一种通过水的动能转化为机械能的机器，是水电站的核心设备之一。

图 50　水轮机

A：什么是反击水轮机和冲击式水轮机？

B：反击水轮机和冲击式水轮机是两种常用的水轮机类型，分别采用不同的叶轮结构来将水的动能转化为机械能。

A：什么是水轮机调速器？

B：水轮机调速器是一种用于调节水轮机转速的设备，通过控制水轮机进水阀的开合程度来控制水轮机的转速。

A：什么是变压器？

B：变压器是一种用于改变电压的电力设备，主要作用是将高电压变成低电压或者低电压变成高电压。

A：什么是励磁系统？

B：励磁系统是一种用于产生电磁场，从而使发电机产生电流的设备系统。

A：什么是供水系统？

B：供水系统是一种用于提供不同用途水源的设备系统，包括技术供水、消防供水和生活供水等。

A：什么是排水系统？

B：排水系统是一种用于排放废水和雨水的设备系统，主要包括检修排水和渗漏排水两种形式。

A：什么是水电站厂用电系统？

B：水电站厂用电系统是一种为水电站内部设备和电力使用提供电能的系统。这个用电系统必须是稳定的、可靠的，用来满足水电站的生产和生活用电。

A：为什么水轮机需要冷却和润滑？

B：水轮机在长时间运行中会产生热量，需要通过冷却系统来降温，同时润滑也是为了减少机器摩擦和磨损，提高机器的使用寿命。

 课文（Kèwén）Text

水电站机电设备系统

水电站是一种利用水能转化为电能的设施，由机电设备、供水系统、排水系统、油系统、水电站厂用电系统以及计算机监控系统等构成。机电设备是水电站的重要组成部分，其中的水轮机是水电站的核心设备。在水轮机的工作过程中，需要注意到各种工作参数，如水头、流量、转速、功率等。同时，在水轮机的工作中还需要进行冷却和润滑，以保证设备的正常运行。

水轮机的导水机构包括导叶、底环、控制环和顶盖等，通过控制水轮机进水阀和水轮机调速器来调整导叶的开合程度，从而实现对水流的控制。在水轮机的进水部件中，金属蜗壳是一种常见的结构，它可以使水流呈螺旋形进入水轮机，从而增加水轮机的效率。

图 51　轴流式转轮

发电机是水电站中不可或缺的设备，它的作用是将机械能转化为电能。发电机的转子和定子是核心部件，通过切割磁力线的方式来产生电流。在发电机中，定子通过导线与电网相连，转子则通过电机驱动转动，从而产生电能。发电机可以分为空冷式、水冷式和水空冷式三种类型。空冷式发电机通过通风冷却系统来降低温度，提高散热效果，保证设备的正常运行。水冷式发电机则采用水冷却系统来降低温度，其冷却效果更加显著，但是也需要考虑水冷却系统的成本和维护问题。而水空冷式发电机则是综合了两者的优点，采用了空气和水的双重冷却方式。

发电机的励磁系统是确保发电机正常发电的重要组成部分。励磁机通过励磁开关和励磁调节器来产生电磁场，切割磁力线，从而使发电机的转子旋转，发电机才能产生电能。变压器作为励磁系统的重要组成部分，主要用于将电压进行调整。变压器的铁芯和绕组相互作用，将高电压的电流通过变压器降压，使之符合发电机励磁所需要的电压。同时，变压器的油箱和冷却装置也确保了励磁系统的正常运行。保护装置也被安装在励磁系统中，以确保系统的安全运行。

图 52　大型变压器

水电站是一座集供水、发电、排水等多种功能于一体的大型工程。其中供水系统是水电站的重要组成部分之一，主要包括技术供水、消防供水和生活供水三个方面。技术供水主要是为了保证水轮机组运行所需的水量和水头，主要用于引导水流进入水轮机，其中包括进水管道、进水阀门和进水泵等设备。消防供水则是为了应对紧急情况下的灭火需求，而生活供水则是为了水电站内部员工的生活需要。排水系统同样也是水电站不可或缺的部分，包括尾水管道、尾水阀门和尾水泵等设备，也包括检修排水和渗漏排水两种。检修排水是为了排除水电站设备检修过程中产生的水，保持机房地面的干燥，防止设备受潮损坏。而渗漏排水则是为了避免水电站设备和厂房内部出现渗漏现象，防止设备受潮和厂房结构受损。

另外，水电站还有水电站厂用电系统和计算机监控系统。水电站厂用电系统主要用于为水电站的其他设备提供电力，包括照明系统、空调系统和通信系统等。水电站厂用电系统是为了满足水电站自身的电力需求而建立的电力系统，其中包括变电所、配电室等。而计算机监控系统则是为了对水电站的各项设备进行实时监测和控制，确保水电站的安全稳定运行。

水电站的各个系统紧密相连，构成了一个完整的系统。它们的顺畅运行对于水电站的发电效率和安全运行至关重要。

生词与短语（Shēngcí yǔ Duǎnyǔ）New Words and Expressions

反击水轮机	fǎnjī shuǐlúnjī	*NP.* counter-turbine
冲击式水轮机	chōngjīshì shuǐlúnjī	*NP.* pelton turbine
工作参数	gōngzuò cānshù	*NP.* working parameters
水头	shuǐtóu	*n.* water head
转速	zhuànsù	*n.* speed
金属蜗壳	jīnshǔ wōké	*NP.* metal volute
泄水部件	xièshuǐ bùjiàn	*NP.* drainage components
水轮机进水阀	shuǐlúnjī jìnshuǐfá	*NP.* turbine inlet valves
水轮机调速器	shuǐlúnjī tiáosùqì	*NP.* turbine governors
切割磁力线	qiēgē cílìxiàn	*NP.* cutting flux lines
导线	dǎoxiàn	*n.* wires
定子	dìngzǐ	*n.* stators
转子	zhuànzǐ	*n.* rotors
冷却系统	lěngquè xìtǒng	*NP.* cooling systems
变压器	biànyāqì	*n.* transformer
励磁系统	lìcí xìtǒng	*NP.* excitation system
励磁机	lìcíjī	*n.* exciter
励磁开关	lìcí kāiguān	*NP.* excitation switch
励磁调节器	lìcí tiáojiéqì	*NP.* excitation regulator

供水系统	gōngshuǐ xìtǒng	*NP.* water supply system
技术供水	jìshù gōngshuǐ	*NP.* technical water supply
消防供水	xiāofáng gōngshuǐ	*NP.* fire water supply
生活供水	shēnghuó gōngshuǐ	*NP.* domestic water supply
检修排水	jiǎnxiū páishuǐ	*NP.* maintenance drainage
渗漏排水	shènlòu páishuǐ	*NP.* leakage drainage
计算机监控系统	jìsuànjījiānkòngxìtǒng	*NP.* computer monitoring system

四　注释（Zhùshì）Notes

（一）计算机监控系统

水力发电站计算机监控系统是水电站现代化管理的重要部分，充分利用了现代计算机技术和自动控制技术。它可以实时监测水电站的水位、流量、温度、压力等关键参数，确保发电站的正常运行。此外，计算机监控系统还可以自动控制水轮机、泵站等设备的启停，调节水库的水位，从而使发电站的运行达到最佳的效率。通过远程传输技术，操作人员可以在控制中心实时了解整个发电站的运行状态，及时发现并处理异常的情况，大大提高了工作效率和设备的安全性。

水力发电站计算机监控系统的主要设备包括中央处理单元、数据采集单元、监控终端、通信网络等。中央处理单元是系统的核心，负责处理来自各个传感器和检测设备的数据，进行分析判断，并下达相应的控制命令。数据采集单元负责收集水电站各部分的实时数据，如水轮机的转速、发电机的电压等，然后传送到中央处理单元。监控终端则为操作人员提供了直观的操作界面，可以远程控制各项设备的运行。通信网络则连接了整个系统的各个部分，确保数据的快速、准确传输。此外，还可能配备有各种传感器、控制器、保护装置等，共同构成了一个复杂而高效的自动化管理系统。这些先进的设备和技术，不仅提高了水电站的运行效率，还有助于节能减排，推动了清洁能源的发展。

图 53　计算机监控系统

（二）名词谓语句

名词谓语句是汉语中的一种特殊句式，也称为名词谓语结构。在这种结构中，名词直接作为谓语，用来表示主语的籍贯、身份、属性、时间等。与英语相比，名词谓语句在汉语中较为常见，可以用来表达时间、日期、人物身份、籍贯、本质特征等。名词谓语句是一种简洁的句子结构，其主要特点是将名词直接作为谓语。在名词谓语句中，名词直接作为谓语，表示主语的身份、属性、时间或状态等。请看例句：

今天星期三。（Today is Wednesday.）

明天 8 月 8 日。（Tomorrow is August 8.）

卡尔马克思德国人。（Karl Marx was a German.）

丽莎今年 20 岁。（Lisa is 20 years old.）

现在晚上 8 点 20 分。（It is 8：20 in the evening now.）

昨天他生日。（Yesterday was his birthday.）

王老师大眼睛。（Teacher Wang has big eyes.）

这个孩子快六个月了。（This child is almost six months old.）

在英语中，通常需要使用动词来构成句子的谓语部分，通常需要使用“is”、“was”等动词来构成句子的谓语部分，而汉语名词谓语句则直接使用名词作为谓语，省略了动词，使句子更加简洁明了。

名词谓语句是汉语中一种特殊的句子结构，以名词直接作为谓语，表达简单的事实陈述、时间日期、人物身份等。与英语相比，汉语名词谓语句更加简洁明了，直接用名词作为谓语，省略了动词，使句子更加简洁明了。

在现代汉语中，名词一般是不能作谓语的，名词充当谓语时需要满足以下条件之一：只能是肯定句，不能是否定句；只能是短句，不能是长句；只能是口语句式，不能是书面语句式；限于说明时间、天气、籍贯、年龄、容貌等的口语短句。

五　练习题（Liànxítí）Exercises

1. 在水电站中，________ 是将水能转换为机械能的关键设备。
2. ________ 在水电站中用于控制水轮机的转速和输出功率。
3. 电能的生成依赖于发电机的 ________ 和 ________ 的协同工作。
4. 为了维持设备的正常运行，水电站装备了 ________。
5. ________ 是用来调节水电站机电设备内部电压的重要部件。
6. 水电站的 ________ 确保了各类机电设备的稳定供电。
7. 为了监控水电站的运行状况，安装了 ________。
8. 水电站的 ________ 负责处理各种类型的水流，包括技术用水和生活用水。

中国国情与文化（Zhōngguó Guóqíng yǔ Wénhuà）Chinese National Conditions and Culture

全球文明倡议

全球化时代不同国家的人们生活在一个村子——地球村。2023 年 3

月15日，中共中央总书记、国家主席习近平在北京出席中国共产党与世界政党高层对话会并发表主旨讲话。习近平强调，在各国前途命运紧密相连的今天，不同文明包容共存、交流互鉴，在推动人类社会现代化进程、繁荣世界文明百花园中具有不可替代的作用。在此，我愿提出全球文明倡议：

——我们要共同倡导尊重世界文明多样性，坚持文明平等、互鉴、对话、包容，以文明交流超越文明隔阂、文明互鉴超越文明冲突、文明包容超越文明优越。

——我们要共同倡导弘扬全人类共同价值，和平、发展、公平、正义、民主、自由是各国人民的共同追求，要以宽广的胸怀理解不同文明对价值内涵的认识，不将自己的价值观和模式强加于人，不搞意识形态对抗。

——我们要共同倡导重视文明传承和创新，充分挖掘各国历史文化的时代价值，推动各国优秀传统文化在现代化进程中实现创造性转化、创新性发展。

——我们要共同倡导加强国际人文交流合作，探讨构建全球文明对话合作网络，丰富交流内容，拓展合作渠道，促进各国人民相知相亲，共同推动人类文明发展进步。[1]

当今世界不同国家、不同地区各具特色的现代化道路植根于丰富多样、源远流长的文明传承。人类社会创造的各种文明都闪烁着璀璨光芒，为各国现代化积蓄了厚重底蕴、赋予了鲜明特质，并跨越时空、超越国界，共同为人类社会现代化进程作出了重要的贡献。中国有一句格言：各美其美，美人之美；美美与共，天下大同。

“十六字箴言”（费孝通，1990）饱含多元文化共生理念。“各美其美”，不仅是指世界上各民族、各文化、各国家皆有各自的优点，要发挥各自的长处。这说明世界文明具有多样性。世间万物万事总是千差万别、异彩纷呈的，文明更是如此。文明的多元多样构成了人类文明交往的前提

[1] 新华社．习近平在中国共产党与世界政党高层对话会上的主旨讲话（全文）［EB/OL］.（2023-03-15）［2023-08-27］. http://www.news.cn/politics/leaders/2023-03/15/c_1129434162.htm.

和条件。整个世界只有一种文明，就无所谓文明交往，文明的发展、世界的进步也会停止。“美人之美”，不仅是指要欣赏他者的优点长处，还包含互鉴的智慧，即要善于学习他者的优点长处，借鉴人类文明的一切优秀成果，不论这些美好的东西是谁原创的。做到这两点，岂不“美美与共，天下大同”？“文明互鉴超越文明冲突”，解决人类文明交往的方式方法问题。不同文明如何交往？西方长期推崇的是“文明冲突论”，将不同文明的差异视为文明冲突的根源。文明差异是世界的客观存在，但是不代表文明间的好坏或优劣。“文明包容超越文明优越”，解决人类文明交往的目标问题。文明交往的目标是什么呢？不是用一种文明取代其他文明，而是要实现不同文明包容、文明共存。

中国坚持推动不同文明相互尊重、和谐共处，让文明交流互鉴成为增进各国人民友谊的桥梁、推动人类社会进步的动力、维护世界和平的纽带。十年来，在构建人类命运共同体理念的指引下，中国推动不同文明交流对话，共建美美与共的世界文明百花园。

“天下大同、协和万邦”是中华民族自古以来对人类社会的美好憧憬，也是构建人类命运共同体理念蕴含的文化渊源。穿越千年的云冈石窟，多元艺术元素交融，见证了中华文明自古以来的开放与包容。习近平总书记在 2019 年亚洲文明对话大会上指出：“文明因多样而交流，因交流而互鉴，因互鉴而发展。”在全球文明倡议中，他提出，我们要共同倡导尊重世界文明多样性，坚持文明平等、互鉴、对话、包容，以文明交流超越文明隔阂、文明互鉴超越文明冲突、文明包容超越文明优越。

在柬埔寨，柬王宫遗址保护修复工作正在进行。这是继周萨神庙和茶胶寺后，中国援助柬埔寨文物保护修复的第三期工程。从乌兹别克斯坦希瓦古城的保护修复到中沙、中老等联合考古，近年来，中国的文物工作者不断用匠心巧手诠释“美人之美、美美与共”。

世界不会忘记，2022 年北京的夜空，盛大的焰火在“鸟巢”上空绽放出象征团结的奥运五环和“天下一家”字样，这是对人类命运共同体理念的生动诠释。在各国前途命运紧密相连的今天，中国将同国际社会一道，努力开创世界各国人文交流、文化交融、民心相通新局面，让世界文明百花园姹紫嫣红、生机盎然。

在中国的未来愿景中，人类命运共同体理念和这些重要倡议产生共鸣，发展和安全与人类命运共同体融为一体。全球文明倡议提倡尊重文明多样性并承认它们各自的发展权利，有效地回应了国际社会的迫切需求。

思考题

1. “全球文明倡议”有哪些具体内容?
2. 如何理解“各美其美，美人之美；美美与共，天下大同”这十六个字?

七 高频汉字（Gāopín Hànzì）High-frequency Chinese Characters

（一）本课高频汉字

意　比　投　决　交　统　党　南　安　此　领　结

（二）读音、词性、经常搭配的词和短语

意	yì	名词	意思，意愿，意图
比	bǐ	动词 / 介词	比较，对比，比如；比……大
投	tóu	动词	投资，投入，投票
决	jué	动词	决定，决策，决赛
交	jiāo	动词	交流，交往，交付
统	tǒng	动词	统计，统一，统领
党	dǎng	名词	政党，党员，党组织
南	nán	名词	南方，南部，南北
安	ān	动词 / 形容词	安加，安置；安宁，安稳
此	cǐ	代词	此时，此外，此间

领	lǐng	动词 / 名词	领导，领取；领域，首领
结	jié	动词 / 名词	结束，结果，完结；结构，蝴蝶结

（三）书写笔顺

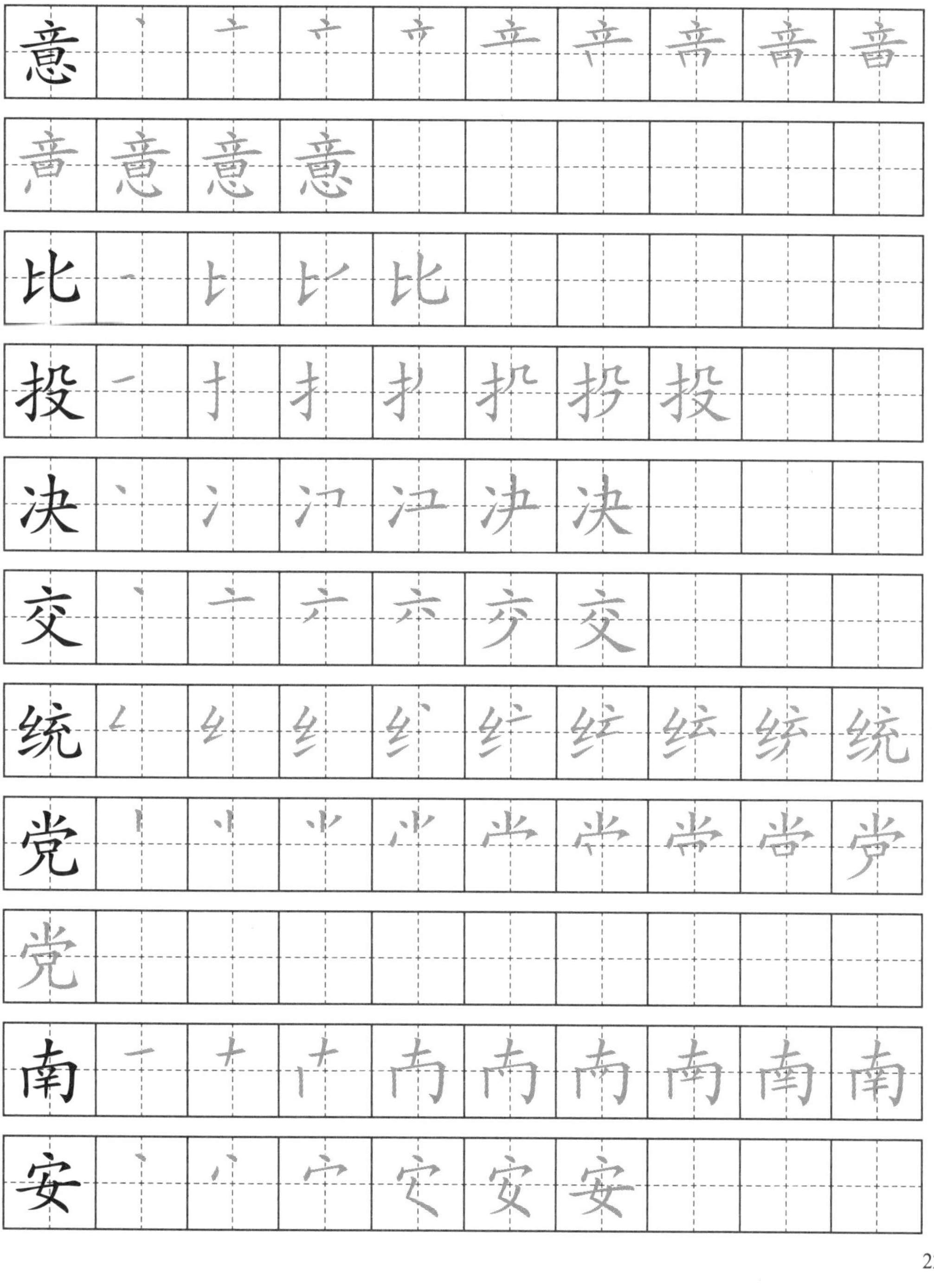

意

比

投

决

交

统

党

南

安

此	丨	⺊	𠃌	止	止	此			
领	ノ	人	亼	今	令	令	领	领	领
领	领								
结	ㄥ	纟	纟	纟	纟	纟	纟	结	结

第20课
水电站运营与管理

 对话（Duìhuà）Dialogue

A：现代水电站需要哪些设备和系统来保证运行？

B：现代水电站需要水系统、油系统和气系统，水轮机调速器、励磁系统、变压器、配电设备、断路器、隔离开关和互感器等设备来运行。

A：如果出现异常情况该怎么办？

B：需要进行异常处理，对设备进行检修或更换。

A：在运行过程中，是否需要进行巡回检查？

B：是的，需要进行巡回检查以确保设备运行正常。

A：水轮发电机组是水电站的核心设备，需要进行试运行吗？

B：是的，水轮发电机组需要进行试运行来测试性能。

A：水电站的直流系统有什么作用？

B：直流系统用于控制水轮机、发电机组和变压器等设备的启动和停止。

A：蓄电池在水电站中有什么作用？

B：蓄电池用于提供备用电源，在停电时保持重要设备的运行。

A：微机控制直流电源装置是什么？

B：微机控制直流电源装置用于控制直流电源的输出，确保水电站设备的稳定运行。

A：监控系统对于水电站的运行有何重要作用？

B：监控系统用于实时监测设备运行状况，及时发现和解决问题。

A：微机监控系统主站是什么？

B：微机监控系统主站是水电站控制和监测的核心，负责收集、处理和显示设备数据。

A：工作票、操作票和值班表是什么？

B：工作票、操作票和值班表是水电站管理中的重要文书，用于记录工作内容和管理工作进度。

二 课文（Kèwén）Text

水电站运营与管理

水电站是利用水能转化为电能的重要设施。为确保水电站的运行效率和安全性，需要进行运行、维护和管理。这些工作涉及大量的设备和系统，需要进行巡回检查和异常处理。

水电站中的设备包括水系统、油系统、气系统、水轮机调速器、励磁系统、变压器、配电设备、断路器、隔离开关、互感器、水轮发电机组、直流系统、蓄电池、微机控制直流电源装置等。这些设备都需要进行定期检修和保养，以保证其正常运行和延长使用寿命。

图 54　水电站巡回检查

为了提高水电站的运行效率和安全性，需要进行巡回检查，及时发现和解决问题。异常处理是保证水电站稳定运行的重要措施之一，需要进行及时有效的处理，防止故障扩大。

水电站的监控系统和微机监控系统主站能够实时监测水电站的运行状况，包括水位、水压、温度、电压、电流等参数，以便进行及时处理和调整。

为了确保水电站的安全和稳定运行，还需要制定详细的工作票、操作票和值班表。工作票和操作票规定了设备的具体操作步骤和注意事项，值班表则指定了值班人员的职责和工作内容。水电站的工作人员务必遵守安全生产规则，注意防止漏电、警惕渗水等，在入职之前还要学习必要的急救知识。

总之，水电站的运行、维护和管理需要多方面的工作和配合，涉及大量的设备和系统，需要进行巡回检查和异常处理，同时还需要建立完善的监控系统和制定详细的工作票、操作票和值班表，以确保水电站的安全和稳定运行。

生词与短语（Shēngcí yǔ Duǎnyǔ）New Words and Expressions

运行	yùnxíng	*n.* operation
维护	wéihù	*n.* maintenance
管理	guǎnlǐ	*n.* management
设备	shèbèi	*n.* equipment
水系统	shuǐxìtǒng	*n.* water system
油系统	yóuxìtǒng	*n.* oil system
气系统	qìxìtǒng	*n.* gas system
水轮机调速器	shuǐlúnjī tiáosùqì	*NP.* turbine governor
异常处理	yìcháng chǔlǐ	*NP.* exception handling
巡回检查	xúnhuí jiǎnchá	*NP.* patrol inspection

励磁系统	lìcí xìtǒng	*NP.* excitation systems
配电设备	pèidiàn shèbèi	*NP.* distribution equipment
断路器	duànlùqì	*NP.* circuit breakers
隔离开关	gélí kāiguān	*n.* disconnectors
互感器	hùgǎnqì	*n.* transformer
水轮发电机组	shuǐlúnfādiànjīzǔ	*NP.* hydro-generator set
试运行	shìyùnxíng	*NP.* trial operation
直流系统	zhíliú xìtǒng	*NP.* DC system
蓄电池	xùdiànchí	*n.* battery
微机控制直流电源装置	wēijīkòngzhìzhíliú diànyuánzhuāngzhì	*NP.* Microcomputer-controlled DC power supply device
水电厂	shuǐdiànchǎng	*NP.* hydropower plant
监控系统	jiānkòngxìtǒng	*NP.* monitoring system
微机监控系统主站	wēijījiānkòngxìtǒng zhǔzhàn	*NP.* microcomputer monitoring system master station
工作票	gōngzuòpiào	*n.* worksheet
操作票	cāozuòpiào	*NP.* operation sheet
值班表	zhíbānbiǎo	*NP.* duty schedule

四 注释（Zhùshì）Notes

（一）水库调度

水库调度是一项复杂而重要的工作。简单地说，就是通过科学管理水库的水量，以满足不同用途的需求。水库的水量是有限的，但是用途却非常多样化。比如，人们需要用水库的水来灌溉农田、发电、供应生活用水、防洪减灾等。如何平衡这些不同的需求，使水库的水资源得到最合理的利用，就是水库调度的核心任务。

图 55　水库调度室

水库调度并不是一项简单的任务，需要综合考虑水库的蓄水量、气象条件、河流流量、周边生态环境等多方面因素。还要考虑不同季节的需求变化，比如夏季可能需要更多的水来灌溉农田，而冬季则可能以供暖和生活用水为主。因此，水库调度需要精确的计算和专业的判断。

在现代社会，水库调度工作主要依靠先进的计算机技术和自动化设备来完成。通过安装在水库和河流各个关键位置的监测设备，工程师可以实时地了解水库的水位、流量、水质等关键数据。然后，通过先进的计算机模拟技术，预测未来一段时间内的水库水量变化趋势，并据此制定合理的调度方案。

除了技术手段，水库调度还需要政府、社会各界和公众的参与。政府要出台合理的政策和法规，确保水库调度工作的顺利进行。社会各界要积极参与，共同推动水资源的合理利用。公众也要了解和支持水库调度工作，节约用水，保护水资源。水库调度是一项综合性极强的任务，涉及科技、经济、环境、社会等多个方面。

（二）“把”字句（Sentence with “把” in Chinese）

1.“把”字句的含义与结构

“把”字句是汉语中一种特殊的句式，在把字句中，主语通常是一个人或事物，动作发生的对象通常是一个物体或状态。这种句式的结构是“把＋宾语＋谓语”，其中“把”是一个虚词，没有实际含义，起到连接作用。宾语是动作的承受者，也就是动作的对象。谓语表示动作或行为。

2. 基本结构：S＋把＋O＋V＋了。先看例句：

我把面条吃了。（I finished eating the noodles.）

把燕窝吃了，西瓜可以不吃。（After eating the bird’s nest，you can skip the watermelon.）

我把空调关了。（I turned off the air conditioner.）

宝贝儿，把药喝了。（Sweetheart，take the medicine.）

3. 与地点和位置有关的结构：S＋把＋O＋V 在 / 到＋Location＋了

把重要的东西放在我这儿吧。（Put the important things here with me.）

把书放在桌子上。（Put the book on the table.）

我把手机放在她的包里了。（I put the phone in her bag.）

他们把孩子一个人留在家里了。（They left the child alone at home.）

把猫放在地板上。（Put the cat on the floor.）

我把你放在我心里。（I keep you in my heart.）

4.“别 / 没有 / 一定”等副词和“想 / 要”等动词放在“把”字的前面

别把鞋放在桌子上。（Don’t put the shoes on the table.）

我没有把雨伞放进背包。（I didn’t put the umbrella in the backpack.）

我想把成都的好吃的都吃一遍。（I want to try all the delicious food in Chengdu.）

她没把手机关机。（She didn’t turn off her phone.）

我们不应该把垃圾丢在地上。（We shouldn't litter on the ground.）

"把"字句的否定形式是在"把"字后面加上"别/不"，表示动作没有被完成或不会被完成，或者句子里的宾语没有被处理。在英语中，表示否定的方式通常是在动词前加上"not"。因此，将上述例句翻译成英语时，需要在动词前加上"not"。

5. "把"字句的特点总结

①主语是动作的执行者。把字句中的主语通常是动作的执行者，表示主动执行某项任务或动作，强调主语的主动性和积极性。把字句表达了主语对动作的控制和主导作用，主动地对宾语进行处理。

②明确的对象。确保动作的对象清晰明了。"把"的对象对于任何听话人都是一致的、确定的。

③主动语态。"把"字句使用主动语态，所以主语应该是主动采取行动来对对象进行动作，强调动作的整体性。

④常用于口语。把字句在口语中更为常见，用于日常交流和表达。更多的例子：

她把房间收拾得很整洁。（She tidied up the room very neatly.）

他把问题解释得非常清楚。（He explained the problem very clearly.）

妈妈把菜煮熟了。（Mom cooked the dishes.）

奶奶把苹果切成小块给我们吃。（Grandma cut the apples into small pieces for us to eat.）

把字句是汉语中一种特殊的句式，用于表示将动作或行为的完成作为整体，强调主语对动作的控制和主导作用。在英语中，通常通过主动语态来表达把字句的意思。了解和掌握把字句的用法有助于外国学习者更好地理解汉语中的动作表达方式，并能够准确地表达各种不同情境下的意思。

五　练习题（Liànxítí）Exercises

1. 水电站的日常 ________ 包括对所有机电设备的监测和调整。

2. 定期的 ________ 是确保水电站设备长期稳定运行的关键。
3. 在水电站中，________ 负责控制水轮机的速度和输出。
4. 当水电站设备出现故障时，必须进行及时的 ________。
5. ________ 是对水电站的主要电力设备进行检查和维护的一部分。
6. 水电站的 ________ 负责电能的有效分配和控制。
7. 为了实时监控水电站的运行状态，安装了先进的 ________。
8. 每个班次的工作人员都必须遵循详细的 ________，以确保安全和效率。

六 中国国情与文化（Zhōngguó Guóqíng yǔ Wénhuà）Chinese National Conditions and Culture

中国的“双碳”目标

双碳，即碳达峰与碳中和。2020 年 9 月中国明确提出 2030 年“碳达峰”与 2060 年“碳中和”目标。2021 年 7 月 16 日，中国全国碳市场正式开市。“双碳”这个词还入选 2021 年度十大流行语、2021 年度十大新词语。

2020 年 9 月 22 日，习近平主席在第七十五届联合国大会一般性辩论上发表讲话。他谈到应对气候变化《巴黎协定》代表了全球绿色低碳转型的大方向，是保护地球家园需要采取的最低限度行动，各国必须迈出决定性步伐。中国将提高国家自主贡献力度，采取更加有力的政策和措施，二氧化碳排放力争于 2030 年前达到峰值，努力争取 2060 年前实现碳中和。这是中国首次向国际社会承诺。

2021 年 1 月 25 日，习近平主席在世界经济论坛“达沃斯议程”对话会上做了特别致辞。他再次明确了中国力争于 2030 年前二氧化碳排放达到峰值、2060 年前实现碳中和。实现这个目标，中国需要付出极其艰巨的努力。我们认为，只要是对全人类有益的事情，中国就应该义不容辞地做，而且做好。中国正在制定行动方案并已开始采取具体措施，确保实现既定目标。中国这么做，是在用实际行动践行多边主义，为保护我们的共同家园、实现人类可持续发展作出贡献。

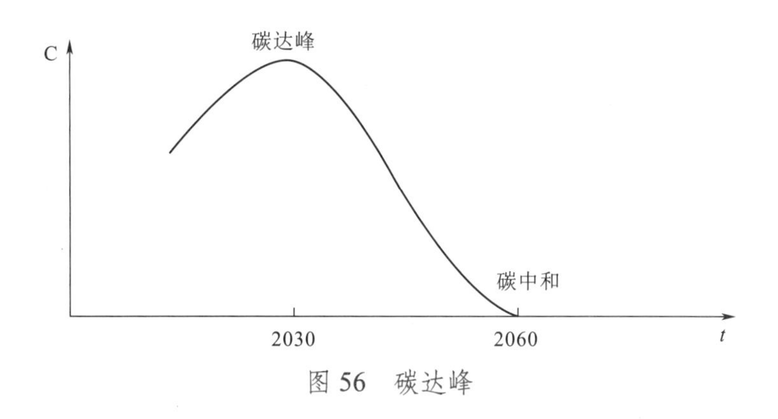

图 56　碳达峰

2022 年 1 月 24 日，习近平在一次集体学习时谈到：实现“双碳”目标，不是别人让我们做，而是我们自己必须要做。我国已进入新发展阶段，推进“双碳”工作是破解资源环境约束突出问题、实现可持续发展的迫切需要，是顺应技术进步趋势、推动经济结构转型升级的迫切需要，是满足人民群众日益增长的优美生态环境需求、促进人与自然和谐共生的迫切需要，是主动担当大国责任、推动构建人类命运共同体的迫切需要。

实现 2030 年“碳达峰”与 2060 年“碳中和”的目标具有宏观上的意义。一是中国提出的“双碳”目标既体现了应对气候变化的“共区原则”和基于发展阶段的原则，又彰显了一个负责任大国应对气候变化的积极态度。中国在应对全球气候变化、全球变暖上是认真的。二是有助于实现社会文明形态逐步由工业文明步入生态文明。三是可以有效地抑制发展高耗能产业的冲动，同时推动战略性新兴产业、高技术产业的投资，带来新的经济增长点和新的就业机会。风能、太阳能、水能等可再生能源迎来了迅速发展的机会。比如，在沙漠、戈壁、荒漠地区加快规划建设大型风电光伏基地项目，兼顾经济发展和绿色转型，也有利于产业结构和能源结构调整。四是实现“双碳”目标可以减少中国对煤炭、天然气的依赖，提高效率，有助于落实“绿水青山就是金山银山”新发展理念。五是能够推动技术进步。人类充分认识碳汇以及碳捕集、利用与封存（CCUS）等碳移除和碳利用技术之后就可以积极发展碳捕集、利用与封存，就再也不用担心气候变化了。

从 2020 年明确提出、2021 年再次重申再到 2022 年的坚定付诸实践，“双碳”政策几乎会影响每一个人。能源公司将会逐步减少化石能源的生产，逐步增加水电、太阳能发电、风力发电、核能发电等清洁的生产。炼钢厂等更高耗能企业的生产成本会增加，钢铁、铝、铁等材料贵了，房子、汽车、轮船等也会涨价。老百姓的生活方式会转向更加节能、环保、绿色，也许大排量汽车的销量会减少，越来越多的人会选择骑自行车上下班。人们会倾向于食用本地的食材、新鲜的食材，这样可以省下运输和冷藏的成本。

思考题

1. 中国的“双碳”目标具体指什么？
2. 实施“双碳”目标有哪些宏观的意义？
3. 实施“双碳”目标对普通人的生活有什么影响？

七 高频汉字（Gāopín Hànzì）High-frequency Chinese Characters

（一）本课高频汉字

营　项　情　解　议　义　山　先　车　然　价　放

（二）读音、词性、经常搭配的词和短语

营	yíng	名词 / 动词	军营；营业，营造，营养
项	xiàng	名词	项目，强项
情	qíng	名词	情况，情感，情报
解	jiě	动词	解决，解释，解放
议	yì	构词语素	议题，议程，议论
义	yì	名词	义务，义气，义不容辞
山	shān	名词	山脉，山川，山顶

先	xiān	副词	先前，先后，先进
车	chē	名词	汽车，火车，自行车
然	rán	副词	然后，尽然，当然
价	jià	名词	价格，价值，市价
放	fàng	动词	放松，放置，放弃

（三）书写笔顺

营

项

情

解

议

义

字	笔顺								
山	丨	凵	山						
先	ノ	𠂉	𠂒	生	牛	先			
车	一	𠂉	车	车					
然	ノ	夕	夕	夕	夕	外	肰	肰	肰
然	然	然							
价	ノ	亻	仒	价	价	价			
放	丶	亠	亠	方	方	方	放	放	

第 21 课
生态、环境与旅游

对话（Duìhuà）Dialogue

A：大坝和水库各有什么作用呢？

B：大坝是人工建造的阻拦水流的障碍物，用于调节水流、灌溉和发电等；水库则是人工建造的蓄水库，用于储存水资源，供人们生活和农业用水。

图 57　白鹤梁水下博物馆[1]

---

[1] 白鹤梁，中国国家重点文物保护单位，位于长江三峡库区上游涪陵城北的长江中，联合国教科文组织将其誉为“保存完好的世界唯一古代水文站”。2006 年被国家文物局列入中国世界文化遗产预备名单。三峡大坝蓄水 175 米后，白鹤梁题刻将永远淹没于近 40 米的江底。2002 年国家采用了工程院院士葛修润提出的以“无压容器”的保护方式，创造性地修建了世界上唯一的在水深 40 米处的白鹤梁水下博物馆。如今的白鹤梁静静地躺在水底供世人参观。

A：建设水库会涉及哪些问题？

B：建设水库会涉及水库库区的土地征收、水库淹没文物的抢救性保护、周围生态环境的保护等问题。

A：那么如何保护水库淹没的文物？

B：对于水库淹没的文物，可以采取抢救性保护的措施，例如对古桥、栈道、石刻、题刻、墓群等进行保护，或者将文物转移至其他地方进行保护。

A：水库周围的生态环境如何保护呢？

B：建设水库前需要对水库周围的生态环境进行评价，并采取相应的保护措施，例如建立生态保护区、保护稀有物种和水生生物、保持水质等。

A：水库的建设会对旅游产生什么影响吗？

B：水库的建设可以提供旅游资源，例如喷泉、瀑布、溪水等景观，吸引游客前来观赏游览，同时也会带动当地旅游业的发展。

A：建设水库会对周围的气候产生影响吗？

B：建设水库会对局地气候产生一定的影响，例如增加湿度、改变温度等，但是影响范围一般较小。

A：水库的建设可以带来哪些好处呢？

B：水库的建设可以提供水资源、发电、灌溉等功能，同时也可以美化环境，带动旅游业发展，改善当地的经济条件。

A：水库是一项现代工程，它和自然风光之间会有矛盾吗？

B：水库的建设会对自然风光产生一定的影响，但是也可以通过水库的设计和建设方式减少对自然环境的影响，同时创造出新的景观，大型水库本身就是一个湖泊。

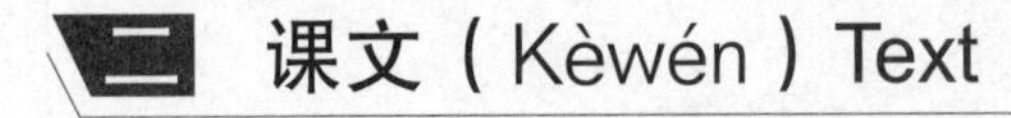

二 课文（Kèwén）Text

生态、环境与旅游

大坝和水库是人类创造的重要工程，它们对于解决水资源和能源问题，保障人民生活和经济发展都具有重要的意义。但是在大坝和水库建设中，也存在一些文物保护、生态保护和旅游开发等方面的问题。本文将从多个方面介绍大坝和水库的建设与管理。

大坝是一道建筑在河流、湖泊等水域中，起拦水、调节水流、蓄水等作用的重要水利工程。水库是由一座或多座大坝拦蓄而成的蓄水工程，其主要功能是蓄水、调节水流、发电等。库区是水库周围的地区，包括周边村庄、城镇等。大坝和水库的建设会涉及文物保护、生态保护、水质管理、旅游开发等。修建大坝会形成一个水库，这个水库就是一个巨大的人工湖，会对局部地区的气候产生影响。

图 58　中国三峡大坝景区

第一，文物保护。大坝和水库的建设往往会涉及文物保护问题。在建设过程中，必须对可能被淹没的文物进行抢救性保护，同时对水库周边的古桥、栈道、石刻、题刻、墓群等文物进行保护和修缮。在三峡工程建设中，对于涉及的历史遗迹和文物进行了抢救性保护，保存了宝贵的文化遗产。

第二，生态保护。水库建设对生态环境有一定的影响，必须采取有效的措施进行保护。在大坝和水库建设过程中，必须考虑水生生物、陆生动植物等生态因素，合理规划库区，保护稀有物种。

第三，水质管理。水库是蓄水工程，水质管理至关重要。要建立完善的水质监测和管理体系，严格控制入库水质，确保水库水质安全。

第四，旅游开发。大坝和水库的建设为旅游开发提供了条件。在保护文物和生态的前提下，可以进行旅游开发，增加当地的经济收入。大坝和水库的建设也能够促进旅游业的发展。许多大型水库和大坝已经成了著名的旅游胜地，吸引了大量游客前来观光旅游。例如，中国三峡已经是AAAA级风景区，巴西－乌拉圭伊泰普水电站、美国胡佛水电站每年都吸引了大量游客前来游览。

大坝和水库会改善局部地区的气候。大坝和水库的建设对周围环境有一定的影响，特别是对局部地区的气候的影响比较明显。必须进行科学的规划和管理，减少对周边气候的影响。大坝和水库还能够改善气候条件，缓解对局部地区的气候的影响，提高生活质量。

生词与短语（Shēngcí yǔ Duǎnyǔ）New Words and Expressions

库区	kùqū	*n.* reservoir area
文物	wénwù	*n.* cultural relics
淹没	yānmò	*v.* submerge；*n.* inundation
古桥	gǔqiáo	*n.* ancient bridge
栈道	zhàndào	*n.* plank road
石刻	shíkè	*n.* stone carving
题刻	tíkè	*n.* inscription
墓群	mùqún	*n.* tombs
生态	shēngtài	*n.* ecology
抢救性保护	qiǎngjiùxìng bǎohù	*NP.* rescue protection
稀有物种	xīyǒu wùzhǒng	*NP.* rare species
水生生物	shuǐshēng shēngwù	*NP.* aquatic life

陆生动植物	lùshēng dòngzhíwù	*NP.* animals and plants living on land
水质	shuǐzhì	*n.* water quality
旅游	lǚyóu	*n.* tourism
局地气候	júdì qìhòu	*NP.* local climate
现代工程	xiàndài gōngchéng	*NP.* modern engineering
自然风光	zìrán fēngguāng	*NP.* natural scenery
高峡出平湖	gāoxiáchūpínghú	A lake appeared in the high valley when a dam is built.
人文景观	rénwén jǐngguān	*NP.* human landscape
科普	kēpǔ	*n.* popular science
休闲	xiūxián	*n.* leisure

四 注释（Zhùshì）Notes

（一）汉语离合词

离合词是涉及词汇和语法两个方面的一种特殊现象。有的认为是词，有的认为是词组，有的认为既是词，又是词组。一般来说，合起来的形式是一个动词，比如“洗澡、见面”，扩展之后（离的形式）是一个短语，比如“洗个热水澡、见你一面”。常见的离合词有洗澡、毕业、操心、散步、道歉、鞠躬、游泳、起床、结婚、见面、睡觉、唱歌、跳舞、说话等。离合词大部分是动宾型的动词。以上 14 个离合词的扩展形式（离的形式）：

洗澡：洗个热水澡真舒服。

操心：你别再为这件事操那么多心了。

散步：晚饭之后散个步，他感觉很放松。

道歉：我得找他道个歉。

鞠躬：在老师面前，他鞠了个躬表示尊敬。

游泳：夏天的下午游个泳，晚上喝点啤酒，那真是痛快！

起床：每天早上起个床都觉得困难。

结婚：买房子，买车子，请司仪，想不到结个婚要花这么多钱。

见面：见你一面怎么就这么难！

睡觉：我昨晚睡了个好觉。

唱歌：她在台上唱了一首邓丽君的歌。

跳舞：我们在舞会上跳了支轻快的舞。

说话：跟你说个话我就觉得很开心。

（二）“被”字句

“被”字句是现代汉语中一种特殊的句式，用于强调动作的承受者或影响的对象。在“被”字句中，动作的承受者通常出现在“被”字后面，而动作的执行者或影响的主体则出现在动词前面。这种结构可以强调动作的结果或影响。比如，房子被洪水冲走了。以下是几个例子：

杯子被小猫打碎了。

我被他影响了。

房子都被洪水冲走了。

我的照相机被谁拿走了？

哥哥的雨伞被人拿走了。

年轻的女老师被气哭了。

在以上例句中，我们可以看到“被”字句的结构是：“被”+执行者+动作+承受者，也就是“S+被+N+V+……”。与英语中的被动语态类似，汉语的“被”字句也用于表达动作对于承受者的影响。然而汉语和英语在表达被动语态时存在一些差异。在英语中，被动语态通常由“be”动词的不同形式和动词的过去分词构成，而在汉语中，我们使用“被”字来引导句子，将动作的承受者或影响的对象放在句子的前部。翻译这些例句到英语时，需要使用被动语态的结构。在英语中，被动语态是通过“be”动词的不同形式（如am，is，are，was，were等）和动词的过去分词构成的。因此，我们可以将上述例句翻译成如下的英文句子：

杯子被小猫打碎了。（The cup was broken by the kitten.）

我被他影响了。（I was influenced by him.）

房子都被洪水冲走了。（The houses were washed away by the flood.）

我的照相机被谁拿走了？（Who took away my camera？）

哥哥的雨伞被人拿走了。（My brother's umbrella was taken away by someone.）

年轻的女老师被气哭了。（The young female teacher was upset to tears.）

需要注意的是，汉语的“被”字句在结构和语法上与英语的被动语态有一些相似之处，但是具体的表达方式和语法规则略有不同。而且“被”字句使用也有相应的条件：

（1）主语是受事，是任何听话人都知道的人或事物。“被”字所介绍的名词是动作的发出者。

（2）动词必须是及物动词。跟“把”字句里的动词差不多，动词一般会对相关的对象施加影响，使其产生一些变化。

（3）在口语中常用“叫”、“让”、“给”替代“被”，仍称被字句。

（4）否定词、能愿动词要放在“被”字前面。“被”字句的否定句：S + 没 / 没有 + 被 + O + …。“被”字句中使用了能愿动词：S + 可能 / 也许 / 应该 / 想 / 愿意 + 被 + O + …。

五　练习题（Liànxí tí）Exercises

1. 在水库建设过程中，对于被 ________ 的文物进行了抢救性保护。
2. 因为其独特的自然风光，水库区域常常成为吸引游客的 ________。
3. 为了保护库区的 ________，对水质进行定期监测是非常重要的。
4. 水库对周边地区的 ________ 有着显著影响。
5. 水库建设不仅是一项 ________，也改变了当地的人文景观。
6. 水库区域的生态系统包括各种 ________ 和陆生动植物。
7. 为了提高公众对水库重要性的认识，开展了多种 ________ 活动。
8. 水库周围美丽的 ________ 提供了理想的休闲和娱乐场所。

六 中国国情与文化（Zhōngguó Guóqíng yǔ Wénhuà）Chinese National Conditions and Culture

中国发展新理念：绿水青山就是金山银山

“两山论”，也就是“绿水青山就是金山银山”，它的提出是在2005年。2005年8月15日，时任浙江省委书记习近平身穿淡蓝色的短袖衬衣，顶着烈日，来到湖州市安吉县天荒坪镇余村。在村里简陋的会议室，习近平听取了当地干部的汇报。当得知余村人关停污染环境的矿山，靠发展生态旅游致富时，习近平说道：“一定不要再去想走老路，迷恋过去那种发展方式。你们刚才讲到的关停矿山，这是高明之举。要坚定不移地走这条路，有所得有所失。绿水青山就是金山银山，我们过去讲既要绿水青山，也要金山银山，其实绿水青山本身就是金山银山。”9天后，也就是2005年8月24日，习近平在《浙江日报》发表《绿水青山也是金山银山》的评论，首次较为系统地论述了“两座山”科学论断，鲜明地提出，如果把“生态环境优势转化为生态农业、生态工业、生态旅游等生态经济的优势，那么绿水青山也就变成了金山银山”。

2006年3月23日，习近平发表《从“两座山”看生态环境》一文，再次系统地论述了“两座山”之间辩证统一的关系。在实践中对这“两座山”之间的关系的认识经过了三个阶段：第一个阶段是用绿水青山去换金山银山，不考虑或者很少考虑环境的承载能力，一味索取资源。第二个阶段是既要金山银山，但是也要保住绿水青山，这时候经济发展和资源匮乏、环境恶化之间的矛盾开始凸显出来，人们意识到环境是我们生存发展的根本，只有“留得青山在”，才能“不怕没柴烧”。第三个阶段是认识到绿水青山可以源源不断地带来金山银山，绿水青山本身就是金山银山，我们种的常青树就是摇钱树，生态优势变成经济优势。这一阶段是一种更高的境界，体现了科学发展观的要求，体现了发展循环经济、建设资源节约型和环境友好型社会的理念。[1]

2013 年 9 月 7 日，习近平总书记在哈萨克斯坦纳扎尔巴耶夫大学谈到生态问题时指出：“建设生态文明是关系人民福祉、关系民族未来的大计。我们既要绿水青山，也要金山银山。宁要绿水青山，不要金山银山，而且绿水青山就是金山银山。”经过将近十年的积淀和发展，2015 年 3 月 24 日，中共中央政治局审议通过了《关于加快推进生态文明建设的意见》，正式把牢固树立“绿水青山就是金山银山”的理念写入中央文件。

“绿水青山就是金山银山”体现了一种新的发展理念，对包括中国在内的广大发展中国家具有重要意义。以往的发展经历表明，发展中国家的一个城市或者乡镇招商引资，开设造纸厂、服装厂，或者开发矿山，经济指标上来了，当地人民富起来了，有钱了，盖上新房子，买了新汽车。可是河里的水开始变成了脏水，变黑了，一年中有蓝天白云的日子越来越少了。这就是经济发展的第一阶段（初级），以环境为代价取得经济的发展。

等到经济发展到一定的程度，比如人均 GDP 达到 1 万美元之后，人们对美好环境更加重视了。人们愿意去青山绿水地方去旅游，愿意到有清澈的流水的河边上散步，愿意到有蓝天白云、空气洁净清新的地方去休闲放松。因此，今天中国农村很多乡村在发展乡村旅游，很多有树、有溪水的山区在开发旅游业。促进生态环境优势转化为生态农业、生态工业、生态旅游等生态经济的优势。中国的城市也发生了翻天覆地的变化，很多城市变绿了、变亮了、变美了。不再只有车水马龙、高楼大厦、密集的人群，还多了绿地、清水、公园等。这就是经济发展的第三阶段，重视生态保护环境，发展循环经济，建设环境友好型社会的理念。

2018 年，生态文明写进了中国宪法，国家主席习近平在全国生态环境大会上指出，加强生态文明建设必须坚持绿水青山向金山银山转化，坚持以良好生态环境提供最普惠的民生福祉。在开发利用自然资源上，中国古代人也讲求“时”和“度”。在《管子》中有“山林虽近，草木虽美，

---

[1] 柳絮．绿水青山就是金山银山——“纪念习近平‘两山’重要思想提出十周年”［J］．中国生态文明，2015（3）：20-21.

宫室必有度，禁发必有时”。《文子·上仁》中提到：“先王之法，……不涸泽而渔，焚林而猎。”就是说，不要把池水抽干来捕鱼，不要将林地烧毁来打猎。不能只图眼前利益，不作长远打算。从这一点来讲，中国也继承了自己好的传统。

共享同一片蓝天，共住同一个地球。愿我们可以一直拥有青山常在、绿水长流、空气常新的美好环境！

思考题

1. “绿水青山就是金山银山”的理念是哪一年提出来的？
2. 在经济社会发展的第一个阶段，人们为什么顾不上保护环境？
3. 中国古代有哪些对环境友好的做法？

七 高频汉字（Gāopín Hànzì）High-frequency Chinese Characters

（一）本课高频汉字

世　间　因　共　院　步　物　界　集　把　持　无

（二）读音、词性、经常搭配的词和短语

世	shì	名词	世界，世纪，世代
间	jiān	名词 / 介词	空间，时间；房间，一间教室
因	yīn	构词语素	原因，因为，因此
共	gòng	构词语素	共同，共有，共享
院	yuàn	名词	医院，院子，学院
步	bù	名词	步骤，步行，步伐
物	wù	名词	动物，物品，事物

界	jiè	名词	世界，界限，体育界
集	jí	动词 / 名词	集中，集体；集合，赶集，集市
把	bǎ	动词 / 名词 / 介词	把握，把持；把手，刀把；把……准备好
持	chí	动词	持续，支持，持有
无	wú	动词	无论，无关，无法

（三）书写笔顺

世

间

因

共

院

步

物

界

集

隼	集	集							
把	一	十	扌	扌	扣	扣	把		
持	一	十	扌	扌	扗	扗	持	持	持
无	一	二	天	无					

第 22 课
水文化（一）水缔造了地球生命

 对话（Duìhuà）Dialogue

A：什么是宇宙大爆炸？

B：宇宙大爆炸是宇宙形成的起始事件，是指宇宙在约 138 亿年前由一点无限密度和温度的奇点爆发而形成。

A：地球上最普遍的物质是什么？

B：地球上最普遍的物质是水。

A：水在地球生命中的作用是什么？

B：水是地球生命的基础，是支持生命存在的必要条件。

A：地球上的生命最早起源于哪里？

B：地球上的生命最早起源于海洋。

A：海洋为什么是生命的摇篮？

B：海洋中提供了丰富的养分和稳定的环境，使生命能够在其中繁衍和演化。

A：冰在地球上的哪些地方存在？

B：冰在地球上存在于大山的冰川和冰块中，在极地的冰盖上也可以找到。

A：水中可以溶解哪些物质？

B：水是一种良好的溶剂，可以溶解盐、糖等化学物质。

A：光合作用是什么过程？

B：光合作用是植物利用阳光、二氧化碳和水合成有机物质，并产生氧气的过程。

A：光合作用对地球生态系统有什么重要影响？

B：光合作用为地球上的生态系统提供了重要的能量来源，维持着地球生命的多样性和繁荣。

二 课文（Kèwén）Text

水缔造了地球生命

宇宙是一个神秘而广袤的存在。据科学家的推测，宇宙起源于一场宏大的宇宙大爆炸。自那时起，宇宙开始无止境地膨胀。在这个广袤的宇宙中，地球是我们熟悉而温暖的家园，蕴藏着无尽的奥秘。

地球的诞生离不开水这一神奇的物质。水是地球上最普遍的存在，也是生命的源泉。没有水，就没有地球上繁茂的生命。水的存在可以追溯到地球形成的早期。在地球年幼的时候，大量的水蒸气被火山和陨石带来，随着时间的推移，冷凝成了液态水。这些初生的水滋润着大地，形成了广袤的海洋。

地球的海洋是生命的摇篮，也是生态系统最为丰富的领域之一。在海洋深处，隐藏着各种神秘的生物，它们适应着不同的环境，形成了多样性的生态链。海洋是地球上最早诞生生命的地方，从最简单的微生物到复杂的鱼类，再到海洋哺乳动物，生命在这里得到了滋养和繁衍。

地球上的生命也逐渐拓展到了陆地，而水仍然是关键。大山是地球上的壮丽景观，高耸入云。雄伟的大山上常年积雪，形成巍峨的冰川。冰川中的冰块是水的贮藏所，当水资源稀缺时，它们会融化成清澈的溪流，滋润着大地上的一草一木。

水的神奇之处还表现在溶解能力上。水是一种极好的溶剂，可以溶解许多化学物质。人类的遗传物质也需要溶解在水中才能产生新的生命。在地球的长河湖海中，含有各种盐类和糖类溶解于水中，为海洋中的生物提供必要的养分。

光合作用是地球上生命的重要过程。光合作用是指植物利用阳光、二氧化碳和水合成有机物质的过程，产生氧气。光合作用不仅滋养着植物自身，也为整个地球的生态系统提供了重要的能量来源。通过光合作用，植物为地球生命的多样性和繁荣作出了巨大的贡献。

地球上的生命与水息息相关，可以说水缔造了地球生命。正是因为水的存在，地球成为了一个充满生机与活力的星球。从大山上的冰川融化形成的溪流，到蔚蓝的海洋，再到植物通过光合作用创造的绿色奇迹，水与生命交织成了地球上最美丽的画卷。水见证了地球上生命的诞生与演化，地球生命的多样性和繁荣离不开水的滋润。让我们一起珍爱水资源，呵护地球生命的摇篮，让这个美丽的星球继续绽放光彩！

生词与短语（Shēngcí yǔ Duǎnyǔ）New Words and Expressions

宇宙	yǔzhòu	*n.* universe
宇宙大爆炸	yǔzhòu dàbàozhà	*NP.* the Big Bang
地球	dìqiú	*n.* earth
生命	shēngmìng	*n.* life
地球生命	dìqiú shēngmìng	*NP.* life on earth
海洋	hǎiyáng	*n.* ocean
冰	bīng	*n.* ice
山	shān	*n.* hill, mountain
大山	dàshān	*n.* mountain
冰块	bīngkuài	*NP.* ice cubes
水蒸气（水汽）	shuǐzhēngqì（shuǐqì）	*NP.* water vapor
盐	yán	*n.* salt
糖	táng	*n.* sugar
溶解	róngjiě	*v.* dissolve
化学物质	huàxué wùzhì	*n.* chemicals
光合作用	guānghé zuòyòng	*n.* photosynthesis

四 注释（Zhùshì）Notes

（一）东方的大洪水时代与西方的诺亚方舟

在东方文化中，关于大洪水的传说有着悠久的历史。特别是在中国，流传着许多关于大洪水时代的神话和传说。在传说中，上古时期，大洪水肆虐，滔天洪水淹没了农田和低矮的山丘，危及人类的生存。传说中的大禹是一位智勇双全的英雄人物，他费尽心血治理洪水，开凿堤坝，引导江河水流，使洪水退去，最终平定了洪水之患。大禹治水的传说不仅反映了中国古代人民勇敢抗洪的精神，也成为中国古代文化中的一个重要传说。

西方诺亚方舟的故事源自《圣经·创世纪》中的《诺亚记》（Noah's Ark）。据《圣经》记载，上古时代，人类因罪恶累累，道德败坏，上帝决定用大洪水来洗涤世界，惩罚罪人。上帝发现诺亚是一个正直善良、虔诚敬畏上帝的人，于是命令他建造一只大船来容纳他的家人和各种动物，以保全他们的生命。方舟的规模巨大，采用木质结构，长约 300 多尺（约 90 米），宽 50 多 尺（约 15 米），高 30 多 尺（约 9 米）。方 舟分成多层，设有舱室，用于容纳各种动物以及粮食和水源。当方舟建成，洪水来袭之际，诺亚带着妻子、三个儿子和儿媳以及各种动物进入了方舟。大洪水覆盖了整个大地，淹没了上面的生物。持续了 40 天 40 夜之后，大洪水终于退去。西方诺亚方舟的故事被广泛传扬，深深地影响了西方文化。

（二）连谓句

现代汉语中的连谓句是一种特殊的句式，通过将两个或多个谓语动词连接起来，表达动作的顺序、关联或递进关系。前一个动词短语在多数情况下表示方式、原因等，后一个动词短语往往表示目的。这种句式在汉语中非常常见，能够更加丰富地表达动作的发生和发展。以下是例句及其英文翻译。

1. **摸着石头过河。**Crossing the river by feeling for stones.

这个句子简洁明了，通过两个动词连接，表达了一种尝试和摸索的过程。在英语中，类似的表达可能会使用“try to”或“attempt to”等结构。

2. **在改革开放开始的时候中国也是摸着石头过河。**At the beginning of the reform and opening up，China also explored cautiously.

3. **他低头沉思过去。**He lowered his head and contemplated the past.

这个句子中“他”发出两个两个动作，表达了一个人的内心活动。在英语中，通常会使用连词“and”来连接两个动词。

4. **他们站着不动。**They stood still.

在英语中，可以使用形容词或副词来表达状态，如“stood still”表示静止。

5. **想到这件事就心烦意乱。**Thinking about this matter makes me anxious and upset.

这个句子通过“就”连接了两个动作，表达了因果关系。在英语中，可以使用“makes”或“causes”来表达因果关系。

6. **他读书累了。**He’s tired from reading.

这个句子通过一个动词后面加上形容词“累”来表达状态，“读书”也是“累”的原因。在英语中，可以使用“tired from”或“exhausted from”来表达状态。

7. **小二黑有资格谈恋爱。**Xiao Erhei is eligible for dating.

这个句子通过“有资格”连接了两个动作，表达了一个人的条件。在英语中，可以使用“eligible for”来表达条件。

8. 他骑自行车去市场买菜。He rode his bicycle to the market to buy groceries.

这个句子有 3 个动作，依次是“骑”“去”“买”，按发生的先后顺序依次排列。在英语中，可以使用“to”连接两个动词。

9. 我吃完饭走。I’ll leave after finishing my meal.

在英语中，可以使用“after”或“when”来连接两个动词。

10. 赶紧打电话叫车。Hurry and call for a car.

这个句子“打电话”的目的是“叫车”。在英语中，可以使用“for”来表达目的。

与英语相比，汉语中通过连谓句的方式来表达动作的关系更加简洁明了，减少了连词的使用。

五 练习题（Liànxítí）Exercises

1. ________ 覆盖了地球表面的大部分，是维持生命的基本要素。
2. 在地球的早期历史中，________ 对生命的起源和演化起到了关键作用。
3. ________ 是地球上最大的生态系统，拥有无数的生物多样性。
4. ________ 通过其独特的过程，将阳光能量转化为生物能量。
5. ________ 在地球上的分布和循环对气候变化有着重要的影响。
6. ________ 是水从地球表面到大气再回到地面的持续过程。
7. ________ 是衡量降水的重要参数，对农业和水资源管理至关重要。
8. ________ 是淡水资源的重要组成部分，为周边生态提供支持。

六 中国国情与文化（Zhōngguó Guóqíng yǔ Wénhuà）Chinese National Conditions and Culture

中国与东盟国家

东南亚国家联盟，简称东盟，前身是由马来西亚、菲律宾和泰国三国于 1961 年 7 月 31 日在曼谷成立的东南亚联盟。1967 年 8 月 7 至 8 日，印度尼西亚、新加坡、泰国、菲律宾四国外长和马来西亚副总理在泰国首都曼谷举行会议，发表《东南亚国家联盟成立宣言》，即《曼谷宣言》，正式宣告东南亚国家联盟（Association of Southeast Asian Nations — ASEAN）的成立。东盟成员国有印度尼西亚、马来西亚、菲律宾、新加坡、泰国、文莱、越南、老挝、缅甸和柬埔寨。

东盟的宗旨和目标是本着平等与合作精神，共同促进本地区的经济增长、社会进步和文化发展（accelerating economic growth，social progress，and sociocultural evolution among its members），为建立一个繁荣、和平的东南亚国家共同体奠定基础，以促进本地区的和平与稳定。

中国与东盟国家是邻居，交往的历史可以追溯到古代。但是在现代历史中，特别是自 20 世纪以来，两者之间的合作和交往得到了显著提升。1971 年中国与东盟国家之间建立了外交关系。中国与东盟成员国建立了外交官级别的联系，并互派驻华和驻东盟国家的大使。1997 年中国与东盟国家在北京举行了首次正式峰会，标志着两者之间高层交往的新阶段。峰会成为双方领导人定期会晤的平台，推动了双边合作的发展。2003 年中国与东盟国家启动了自由贸易区谈判。经过多年的努力，2010 年中国与东盟实现了自由贸易区的全面建立，成为全球最大的发展中国家自由贸易区之一。2020 年中国与东盟国家庆祝了建立对话关系 30 周年。双方一致同意进一步深化合作，推动“中国 – 东盟战略伙伴关系 2030 年愿景”的实施。

中国与东盟国家的经济合作越来越密切。中国与东盟国家之间的经济联系日益紧密。中国是东盟国家最大的贸易伙伴之一，双边贸易额不断增长。自 2010 年中国与东盟实现自由贸易区建立以来，双方的贸易和投资合作进一步加强。中国的投资为东盟国家提供了经济发展的机遇，而东盟国家也是中国企业拓展市场和加强产能合作的重要目的地。

2021 年，虽然受到疫情的持续打击，东盟外国直接投资（FDI）流入量增加 42%，达 1740 亿美元，回到疫情前的水平。从投资来源地看，来自前十大外资来源地的 FDI 占东盟 FDI 比重为 74%，其中前五大来源地对 FDI 总流入的贡献超过 55%。与 2020 年相比，投资来源更加多样化。其中，美国投资位居榜首，增长 41%，达 400 亿美元，主要是对银行和金融业以及电子、生物医学和制药行业投资显著增加。中国投资增长 96%，达到近 140 亿美元，主要在制造业、电动汽车相关活动、数字经济、基础设施和房地产。[1]

东南亚盛产燕窝。马来西亚 2022 年共有 7838 吨燕窝出口，市值超过了 19 亿马币，其中大部分出口至中国。马来西亚农业和食品安全部副部长陈泓缣 2023 年 5 月 19 日到访马来西亚谢琳燕窝（马）有限公司时表示，燕窝产业已经被马来西亚确定为国家经济转型计划中的重要产业，深具潜能，每年可以为国家收入助力 45 亿马币，并创造超过 2 万个就业机会。

政治互信与安全合作水平越来越高。中国与东盟国家在政治和安全领域的合作也日益重要。双方通过对话和协商机制，加强了在地区安全、海上合作、打击跨国犯罪、反恐怖主义等领域的合作。中国积极参与东盟地区论坛和东盟防长扩大会等安全对话机制，加强了与东盟国家之间的互信和合作。

中国与东盟国家之间的人文交流日益密切。教育、文化、旅游等领域的交流不断加强，增进了两国人民之间的相互了解和友谊。中国与东盟国家之间的学术交流、文化艺术展览、旅游合作等活动增加，促进了文化多样性和地区共同繁荣。2023 年在马来西亚的中国留学生已经超过 10 万人。中国已成为马来西亚入境游客主要来源地之一。中国已成为泰国、越南等国家最大的客源市场。

尽管中国与东盟国家之间存在一些争议和挑战，如南海争议等，但总

---

[1] 中华人民共和国商务部．东盟发布 2022 年投资报告（一）：东盟外国直接投资疫后强劲复苏［EB/OL］.（2022-09-26）［2023-10-24］. http://asean.mofcom.gov.cn/dmjmdt/art/2022/art_e254a8b456a1465698c89acd239cc1cf.html.

体而言，双方的关系基于互利合作、和平共处的原则，稳定且积极发展。中国与东盟国家的合作对地区的和平与稳定具有重要的意义。通过对话和协商解决争议、加强经济联系、增进相互了解与信任，双方为地区的稳定与繁荣作出了积极的贡献，为进一步深化区域合作和推动亚洲一体化进程提供了重要的支撑。

思考题

1. 东南亚国家联盟简称为什么？成立于哪一年？有哪些成员国？
2. 依据文中的信息，2019 年在东盟国家中，中国是哪些国家最大的客源地？

七　高频汉字（Gāopín Hànzì）High-frequency Chinese Characters

（一）本课高频汉字

但　城　相　书　村　求　治　取　原　处　府　研

（二）读音、词性、经常搭配的词和短语

但	dàn	连词	但是，不但……而且
城	chéng	名词	城市，古城，城堡
相	xiāng	构词语素	相信，相对，相遇
书	shū	名词	书籍，读书，图书
村	cūn	名词	村庄，农村，小村
求	qiú	动词	请求，求知，寻求
治	zhì	动词	治疗，治理，统治
取	qǔ	动词	取得，取用，各取所需

原	yuán	构词语素	原因，原料，原始
处	chù	名词 / 动词	处所，住处；处置，处理
府	fǔ	名词	政府，官府，府内
研	yán	动词	研究，研发，研讨

（三）书写笔顺

但	丿	亻	仆	仴	仴	但	但		
城	一	十	土	圡	圢	坊	城	城	城
相	一	十	才	木	村	相	相	相	相
书	乛	马	书	书					
村	一	十	才	木	木一	村	村		
求	一	十	寸	才	求	求	求		
治	丶	丶丶	氵	氵厶	氵厶	治	治	治	
取	一	厂	丌	开	耳	耳	取	取	
原	一	厂	厂	厂	厉	历	盾	原	原
原									

处	丿	夕	夂	处	处				
府	丶	亠	广	广	庁	庁	府	府	
研	一	丆	丆	石	石	石	石	研	研

第23课
水文化（二）大河流域缔造人类文明

一 对话（Duìhuà）Dialogue

A：世界上最著名的大河有哪些？

B：世界上最著名的大河有黄河、长江、恒河、尼罗河等。

图59　黄河

A：大河流域对人类文明的发展提供了哪些有利条件？

B：大河流域提供了丰富的水源和肥沃的土地，有利于农业发展和人类聚居。

A：在古代，大河流域的洪水常常带来灾难，人们是如何应对的？

B：在古代，人们会采取各种措施来防范洪水，如修建堤坝和水利工程。

A：有关洪水的古代传说《诺亚方舟》讲述了什么故事？

B：《诺亚方舟》是《圣经》中的一个故事，讲述了诺亚建造一艘大船，载其家人和各种动物以避难。洪水退去后，方舟上的生物重新繁衍生息。

A：中国的两大母亲河是什么？

B：中国的两大母亲河是黄河和长江。

A：黄河和长江在中国的地位是怎样的？

B：黄河被誉为中华文明的母亲河，长江是中国南方的母亲河，都扮演着重要的文化和经济角色。

A：印度的母亲河是什么河？

B：印度的母亲河是恒河。

A：恒河在印度有什么特殊的地位？

B：恒河在印度被视为神圣的洗礼之河，每年有大量的信徒来朝拜和沐浴。

A：埃及古代文明的母亲河是什么？

B：埃及古代文明的母亲河是尼罗河。

A：尼罗河在埃及古代文明中有什么作用？

B：尼罗河为埃及的农业和灌溉提供了宝贵的水源，支撑了埃及古代文明的发展。

A：古代文明中的发明有哪些？

B：古代文明中有锯、钉子、箭等许多发明，它们促进了人类文明的进步。

A：两河流域对于古代天文学和历法有什么影响？

B：两河流域的人类观察天文现象，制定历法，对时间进行管理，推动了天文学和历法的发展。

A：古代人类是如何利用船只在大河流域进行交通和贸易的？

B：古代人类会利用船只沿着大河进行交通和贸易，这样方便了文明之间的交流和合作。

课文（Kèwén）Text

大河流域缔造人类文明

大河是地球上最壮丽的自然奇观之一，其水流汇聚千百年的历史和文明。人类自古以来就聚居在大河流域，依靠着大河的滋润与馈赠，逐渐发展出各种文明，让我们一起踏上寻找大河文明的旅程。

在世界各地，许多大河都见证了人类文明的诞生与发展。中国是一个拥有悠久历史的国家，黄河和长江是中国两大著名的大河。黄河被誉为中华文明的母亲河，自古以来为中国北方带来了肥沃的土地和灌溉水源。长江则是中国南方的母亲河，滋润着江南的繁荣与文化。在这两大河流域，中国人民创造出灿烂的中华文明，留下了众多的历史和文化遗产，如长城、故宫、禅宫等。

而印度则有恒河这一神圣的大河，被印度人民视为生命之河。恒河是印度教最重要的象征之一，被视为神圣的洗礼之河，每年都有大量的信徒前来沐浴和朝拜。

埃及是另一个有着灿烂文明的国家，尼罗河是埃及的母亲河。尼罗河流经埃及的沙漠地带，为这个古老的文明提供了宝贵的水源，使埃及文明得以繁荣。埃及的金字塔、木乃伊、神庙等建筑和文化遗产都源于尼罗河流域的灌溉和保障。

图 60　尼罗河

在美索不达美亚地区，有两条重要的大河，底格里斯河和幼发拉底河，它们的流域孕育了美索不达美亚文明。这个古老文明的人们发明了天文学、历法、时间计算等，创造了著名的楔形文字，制造了一系列的发明，如锯、钉子、箭等，这些都极大地促进了人类文明的进步。

大河流域的重要性不仅体现在文明的发展上，更在于为人类的交通和贸易提供了便利。古代，大河是人们主要的交通干道，人们利用船只沿着河流进行贸易和交往，使各地的文明得以交流与融合。

然而大河也并非一直给人类带来好处。在历史的长河中，大河的洪水常常带来灾难。类似《诺亚方舟》中的故事在不同文化中都有所出现，这些故事讲述了人们如何应对洪水的侵袭。洪水虽然带来破坏，但是也使人们对水资源的利用更加谨慎，建立起了水利工程，提高了灌溉和排水的效率。

大河流域缔造了人类文明，这是一个历史悠久而辉煌的故事。大河是人类的摇篮，她的滋润与馈赠孕育了各种各样的文明，让我们珍视水资源，保护大河，继续传承文明的火炬，走向未来。让我们在大河的洗礼中，汲取智慧和力量，共同创造美好的明天！

生词与短语（Shēngcí yǔ Duǎnyǔ）New Words and Expressions

大河	dàhé	*n.* major river
人类	rénlèi	*n.* human
文明	wénmíng	*n.* civilization
诺亚方舟	Nuòyàfāngzhōu	*n.* Noah's ark
中国	Zhōngguó	*n.* China
黄河	Huáng Hé	*n.* the Yellow River
长江	Cháng Jiāng	*n.* the Yangtze River
印度	Yìndù	*n.* India
恒河	Héng Hé	*n.* the Ganges River
埃及	Āijí	*n.* Egypt
尼罗河	Níluó Hé	*n.* the Nile River
金字塔	jīnzìtǎ	*n.* pyramids
木乃伊	mùnǎiyī	*n.* mummies
神庙	shénmiào	*n.* temples

沙漠	shāmò	*n.* deserts
两河流域	Liǎnghéliúyù	*n.* Mesopotamia
美索不达美亚	Měisuǒbùdáměiyà	*n.* Mesopotamia
历法	lìfǎ	*n.* calendar
时间	shíjiān	*n.* time
锯	jù	*n.* saw
钉子	dīngzi	*n.* nail
箭	jiàn	*n.* arrows
船	chuán	*n.* boat

四 注释（Zhùshì）Notes

（一）谚语

谚语是汉语的重要组成部分，是指广泛流传于民间的言简意赅的短语，是汉语的精华。多数谚语反映了劳动人民的生活实践经验，而且一般是经过口头传下来的。它多是口语形式的通俗易懂的短句或韵语。下面了解几个谚语。

1. 不经一事，不长一智

含义：通过实际的经历和挫折，人们可以增长智慧和经验。通常用于鼓励人们从失败中汲取教训，提醒人们珍惜经验。英文翻译：One cannot gain wisdom without experiencing something.

2. 江山易改，本性难移

含义：外貌或环境容易改变，但是个性或本质很难改变。形容一个人的性格或习惯难以改变的情况。英文翻译：The landscape can be changed, but not one's nature.

3. 千军易得，一将难求

含义：能够找到很多普通士兵，但是难以找到一位优秀的将领。强调领导或核心人物的重要性。英文翻译：A thousand soldiers are easily obtained，but not a single general.

4. 长江后浪推前浪，世上新人赶旧人

含义：新一代的人们会超越前一代，这是社会发展的必然趋势。用于描述新一代的崛起和不断的社会进步。英文翻译：As in the Yangtze River，the waves behind drive on those before，the new generation excels the old.

5. 良药苦口利于病，忠言逆耳利于行

含义：良好的药物虽然口感苦涩，但是有助于治疗疾病；真诚的忠告虽然难听，但是有助于人们的成长。用来鼓励人们接受真实但可能令人不悦的建议或批评。英文翻译：Good medicine is bitter to the mouth，but beneficial to the disease；honest advice is unpleasant to the ear，but beneficial to one’s conduct.

6. 风无常顺，兵无常胜

含义：意味着风向是变化的，没有永远顺利的时候；战争也是如此，没有永远胜利的军队。用来提醒人们不要骄傲自满，应该时刻准备应对变化。英文翻译：The wind doesn’t always blow from the same direction，and soldiers don’t always win.

7. 人无千日好，花无百日红

含义：人的命运总会有起伏，花的鲜艳也不可能长久。一切都是暂时的。用来表达人们对生活无常和易变的感慨。英文翻译：Man can’t always be in good times，nor flowers in bloom.

（二）存现句

存现句是语义上表示何处存在、出现消失了何人或何物的句式：结构上一般有三段，即处所段 + 存现动词 + 人或物段；语言上用来描写景物或处所的一种特定句式。它可以分存在句和隐现句两种。

1. **存在句**。存在句是表示何处存在何人或何物的句式。构成格式：

处所成分 + 动词 + “着” + 名词语（NPL + V + 着 + NP）。例如：

山上有个庙。

台上坐着主席团。

2. **隐现句**。隐现句表示何处出现或消失何人何物，例如：

他的脸上透出了一丝笑意。（表出现）

昨天村里死了两头牛。（表消失）

以下是一些例句及其英文翻译，同时也对汉语与英语之间的对比做出了分析：

①山上有个庙。There's a temple on the mountain.

这个句子用“有”表达事物的存在，与英语中的“There's”相对应。

②台上坐着主席团。The presidium is seated on the platform.

这个句子通过“坐着”表达主席团的状态，英语中用“is seated”表示状态，汉语中使用动词短语。

③他的脸上透出了一丝笑意。A hint of a smile appeared on his face.

这个句子通过“透出”表达脸上的特征，与英语中的“appeared”相对应。

④昨天村里死了两头牛。Two cows died in the village yesterday.

这个句子通过“死了”表达牛的状态，与英语中的“died”相对应。

⑤桌子上放着一本书。There's a book on the table.

这个句子用“放着”表达事物的存在，与英语中的“There's”相对应。

⑥花园里开着各种花。Various flowers are blooming in the garden.

这个句子通过“开着”表达花的状态，英语中用“are blooming”表示状态，汉语中使用动词短语。

⑦餐桌上放着各种美食。Various delicacies are placed on the dining table.

这个句子用“放着”表达事物的存在，与英语中的“are placed”相对应。

⑧天上飘着几朵白云。The sky has a few white clouds floating.

“天上飘着几朵白云”主语是“天上”（the sky），它位于句子的开头，表示处所、地点。动词短语“飘着”（floating）是谓语，表示动作的进行状态，它与主语构成了一个动态助词“着”的结构，表示持续的动作。“几朵白云”（a few white clouds）处在动词之后，可以看作宾语，尽管在语义上是“飘着”这一动作的发出者。英文译文中的结构与原句类似，也是主语 + 谓语 + 宾语的结构，也可以变换成 there be 句型来表达同样的意思，也就是“There are a few white clouds floating in the sky.”

五　练习题（Liànxítí）Exercises

1. ________ 作为中华文明的摇篮，对中国古代文明的发展产生了深远影响。
2. ________，世界上最长的河流之一，见证了古埃及文明的繁荣。
3. 在古代 ________ 河流域，人们发明了锯和钉子，促进了技术的进步。
4. 古埃及的 ________ 和木乃伊是该地区文明的重要象征。
5. ________ 河流域，被称为文明的摇篮，是多个古文明的发源地。
6. ________ 是古印度文明的发源地，至今仍是该国的文化象征。
7. 古代文明利用 ________ 进行交易和运输，推动了社会经济的发展。
8. ________ 等自然灾害对古代文明的生活方式和建筑风格产生了影响。

六　中国国情与文化（Zhōngguó Guóqíng yǔ Wénhuà）Chinese National Conditions and Culture

黄河流域生态保护和高质量发展

“黄河起源于青藏高原，全长约 5464 千米，是中国第二长河、世界第六大长河。它自西向东流经青海、四川、甘肃、宁夏、内蒙古、山西、陕西、河南、山东等九个省（自治区），最终在山东省东营市注入渤海。

黄河以其大曲大折的河道闻名，上游形成“几”字形，是世界上唯一一条呈矩形的河流。它的水流泥沙含量极大，素有“一碗水，半碗泥”的说法，每年携带大量泥沙进入下游，形成了著名的“地上悬河”。历史上黄河经常出现决堤、改道等，每次都给两岸人民带来深重的灾难，所以历史上每一个朝代都很重视治理黄河。

元代的贾鲁（1297—1353 年）是一位治理黄河的能人。在治理过程中，贾鲁采取了“疏塞并举”的治河方针，一面疏导水流，一面用堤坝等形式进行拦堵。他亲自沿河勘察，日夜奔波，指挥民工和士兵修筑堤防、疏浚河道。有一次，在治理山东地区曹县的一处河堤决口时，由于水势凶猛，施工困难重重。贾鲁没有慌乱，他仔细观察水情，想出了一个用二十七艘大船连成方舟、装石头下沉筑堤的方法。在众人的努力下，终于成功修复了决口。经过七个月的艰苦努力，贾鲁终于成功地治理了黄河。皇帝对他大加赞赏。

明朝的潘季驯（1521—1595 年）是一位治理黄河的名人。他曾四次出任治理河流的最高官员，负责治理黄河、运河长达十余年。他一改明代前期“下游分流杀势，多开支河”治河方略，重点针对黄河多沙的特点，提出了“束水攻沙”“蓄清刷黄”的理论，规划了一套包括缕堤、遥堤、格堤等在内的黄河防洪工程体系以及“四防二守”的防汛抢险的修守制度，以期达到“以水治水”“以水治沙”，综合解决黄河、淮河、运河问题。潘季驯著有《两河管见》《河防一览》等水利著作。

今天，中国仍然高度重视黄河的治理工作。2019 年 9 月，黄河流域生态保护和高质量发展上升为重大国家战略。2021 年 10 月，《黄河流域生态保护和高质量发展规划纲要》发布。黄河流域生态保护与高质量发展的核心理念是“生态优先、绿色发展”。这一理念强调在推动黄河流域经济社会发展的同时，必须始终把生态保护放在首位，通过绿色发展方式实现经济社会的可持续发展。

为了实现黄河流域生态保护与高质量发展的目标，中国采取了一系列措施。一是加强生态环境保护。通过加强上游水源涵养能力建设、中游水土保持和下游湿地保护等措施，改善黄河流域的生态面貌，提升资源环境承载能力。二是保障黄河长治久安。通过科学调控水沙关系、有效提升防洪能力和强化灾害应对体系和能力建设等措施，确保黄河的安全稳定。三是推进水资源节约集约利用。通过强化水资源刚性约束、科学配置全流域水资源、加大农业和工业节水力度以及加快形成节水型生活方式等措施，提高水资源利用效率。

黄河流域生态保护与高质量发展有着明确的目标。近期目标是到 2030 年黄河流域生态环境质量明显改善，生态系统稳定性显著增强，水资源利用效率大幅提高，经济社会发展质量显著提升，人民群众生活水平不断提高。中期目标是到 2035 年，黄河流域生态保护和高质量发展取得重大进展，生态环境质量实现根本好转，水资源节约集约利用水平达到国际先进水平，经济社会发展与生态环境保护实现良性循环。远期目标是到本世纪中叶，黄河流域全面建成绿色生态廊道，形成人与自然和谐共生的现代化格局，成为全国乃至全球生态保护和高质量发展的典范。

思考题

1. 黄河有哪些特点？
2. 新时期黄河流域生态保护与高质量发展的目标是什么？

高频汉字（Gāopín Hànzì）High-frequency Chinese Characters

（一）本课高频汉字

质　信　四　运　县　军　件　育　局　干　队　团

（二）读音、词性、经常搭配的词和短语

质　zhì　名词　质量，物质，品质

信	xìn	名词 / 动词	信息，书信；相信，信任，
四	sì	数词	四季，四面八方
运	yùn	动词	运输，运动，运势
县	xiàn	名词	县城，县委，县政府
军	jūn	名词	军队，军事，军官
件	jiàn	量词	一件小事，一件大衣
育	yù	动词	教育，培育，发育
局	jú	名词	局面，布局，电视局
干	gàn	动词	干活，干预
队	duì	名词	队伍，队员，排队
团	tuán	名词	团队，团体

（三）书写笔顺

质

信

四

运

县

军

件

育
局
干
队
团

第 24 课
水文化（三）与水有关的节日

 对话（Duìhuà）Dialogue

A：端午节是什么时候庆祝的？它有什么特别的庆祝活动？

B：端午节通常在农历五月初五庆祝。特别的庆祝活动包括赛龙舟、吃粽子和挂艾草等。

A：赛龙舟是端午节的传统活动吗？为什么人们喜欢赛龙舟？

B：是的，赛龙舟是端午节的传统活动。人们喜欢赛龙舟是为了纪念古代爱国诗人屈原，寓意驱邪避灾，祈求丰收吉祥。

A：泼水节在哪些国家庆祝？它的意义是什么？

B：泼水节在东南亚一些国家如泰国、缅甸等庆祝。泼水节通常在农历新年的时候举行，象征洗去旧年的不吉和迎接新年的好运。

A：除了端午节和泼水节，世界上还有哪些与水有关的庆祝活动？

B：世界上还有许多与水有关的庆祝活动，如印度的恒河浴节、泰国的灯节、越南的灯船节等。这些庆祝活动表达了对水的敬畏和感恩之情，也促进了人们之间的交流。

A：水在人类的生活中扮演着什么角色？

B：水是人类生活的基本需求，不仅用于饮用和洗涤，还用于农业、工业、交通等领域，对人类的生存和发展至关重要。

A：世界的本原有哪五行？水在其中有何象征意义？

B：世界的本原有金、木、水、火、土五行。水象征着柔和、流动和变化，是生命之源，也代表着生长和发展。

A：你能给我举一些与水相关的成语、俗语或谚语吗？

B：当然，比如有上善若水、水滴石穿、水中捞月、如鱼得水、一碗水端平等。

A：“上善若水”这个成语是什么意思？

B：“上善若水”出自老子的《道德经》第 8 章，指最崇高的善行如同水一样，能够滋养万物而不争，处于最低处，接近道的境界。

A：“水滴石穿”是什么意思？

B：“水滴石穿”比喻持之以恒，不断努力，终会达到目标，就像水滴不断滴在石头上，终会把石头穿透。

A：“如鱼得水”这个成语是什么意思？

B：“如鱼得水”比喻人在适合自己的环境中得心应手，就像鱼在水中游得自如舒适。

A：“一碗水端平”是什么意思？

B：“一碗水端平”比喻待人公平，不偏袒任何一方，对待各方都公正无私。

二　课文（Kèwén）Text

与水有关的节日、认识和言语表达

水，是世界的本原之一，自古以来，人类的生活离不开水。水是生命之源，也是文明的摇篮。在人类的历史长河中，水与我们的生活息息相关，促进了各种节日的形成，也催生了许多与水相关的成语、俗语和谚语。

（一）与水有关的节日

在世界各地，有许多节日与水相关，其中最具代表性的有端午节、泼水节等。端午节是中国传统的重要节日之一，也被称为龙舟节。这个节日通常在农历五月初五庆祝。在端午节，人们会举行赛龙舟的活动，载着粽子和艾草下水，寓意祈福辟邪，纪念爱国诗人屈原。泼水节是东南亚一些国家如泰国、缅甸等的传统节日。泼水节通常在农历新年的时候举行，人们会用水泼洒彼此，象征洗去旧年的不吉和迎接新年的好运。

（二）与水有关的认识

古人认为，世界的本原有五行之说，分别是金、木、水、火、土。水是五行之一，象征着柔和、流动和变化，是生命之源。水是地球上最重要的资源之一，人类的生存和发展离不开水。水不仅是人类生活的必需品，还是农业、工业、交通等各个领域的重要资源。

（三）与水有关的成语、俗语和谚语

水与人类生活息息相关，因此形成了许多与水有关的成语、俗语和谚语，如：

水滴石穿：这是比喻持之以恒，不断努力，最终能够克服困难，达到目标。

水中捞月：比喻做事徒劳无功，不切实际。

如鱼得水：比喻人在适合自己的环境中得心应手，如鱼得水般舒适。

一碗水端平：比喻待人公平，不偏袒任何一方。

远水不解近渴：比喻解决问题不能靠远方的帮助，而要依靠自己身边的资源。

竹篮打水一场空：比喻做事费力而无功效。

杯水车薪：形容力量微小，解决不了问题。

细水长流：比喻小事持续积累，可以成就大事业。

顺水推舟：比喻遇事顺势而为，顺其自然。

靠山吃山，靠水吃水：意味着生活和发展需要依靠自然资源，喻指依赖环境条件。

水是自然界中不可或缺的一部分，也是人类生活的重要组成部分。无论是节日的庆祝，还是对水的认识和言语表达，都体现了人类对水的尊重和依赖。让我们珍爱水资源，保护水环境，共同创造一个美好的未来。

生词与短语（Shēngcí yǔ Duǎnyǔ）New Words and Expressions

端午节	Duānwǔjié	*NP.* Dragon Boat Festival
赛龙舟	sàilóngzhōu	*NP.* dragon boat race
泼水节	Pōshuǐjié	*n.* Songkran
江	jiāng	*n.* river (usually a large river)
河	hé	*n.* river
溪	xī	*n.* stream
鱼	yú	*n.* fish
虾	xiā	*n.* shrimp
世界的本原	shìjiè de běnyuán	*NP.* the origin of the world
金	jīn	*n.* metal
木	mù	*n.* wood
火	huǒ	*n.* fire
土	tǔ	*n.* earth
泼冷水	pō lěngshuǐ	Throwing cold water.
上善若水	shàngshàn-ruòshuǐ	The highest virtue is like water.
水滴石穿	shuǐdī-shíchuān	Dripping water can pierce through a stone.
水中捞月	shuǐzhōng-lāoyuè	Trying to scoop the moon from the water.
如鱼得水	rúyú-déshuǐ	Like a fish finding its element in water.
远水不解近渴	yuǎnshuǐbùjiějìnkě	Distant water cannot quench immediate thirst.
竹篮打水一场空	zhúlán dǎ shuǐ yī chǎng kōng	Drawing water with a bamboo basket yields nothing.
绿水青山	lǜshuǐ-qīngshān	*NP.* Clear waters and green mountains

细水长流	xìshuǐ-chángliú	A small stream flows continuously.
顺水推舟	shùnshuǐ-tuīzhōu	Go with the flow.
靠山吃山，靠水吃水	kàoshān-chīshān，kàoshuǐ-chīshuǐ	In the mountains, one lives on mountain products; along the coast, on sea products.

四 注释（Zhùshì）Notes

（一）谚语

1. 种瓜得瓜，种豆得豆

含义：你得到的回报与你付出的努力相符。善有善报，恶有恶报。鼓励人们行善积德，做好事，并警告不要做坏事。英文翻译：You reap what you sow.

2. 儿不嫌母丑，狗不嫌家贫

含义：子女不会嫌弃母亲的长相，狗不会嫌弃主人的贫穷。强调亲情和忠诚的重要性。用于强调忠诚、亲情和真情的重要性。英文翻译：A son never despises his mother for being ugly，and a dog never despises its home for being poor.

3. 一个篱笆三个桩，一个好汉三个帮

含义：一个稳固的篱笆需要三根桩子来支撑；同样，一个人要做成大事，需要朋友和同伴的支持。强调团队合作和互相支持的重要性。英文翻译：A fence needs three stakes，a good man needs three helpers.

4. 十年树木，百年树人

含义：种下一棵树需要十年时间才能长成，而教育和培养一个人则需要花费整整一生的时间。强调教育的重要性和长期性。鼓励人们重视教育，理解教育和培养需要长期的努力和耐心。英文翻译：It takes ten years to grow trees，but a lifetime to cultivate people.

5. 前人栽树，后人乘凉

含义：前人的努力和付出为后人创造了好的条件和环境。用来强调感激先辈的努力和为后代作贡献的重要性。英文翻译：Earlier generations plant the trees，later generations enjoy the shade.

6. 听君一席话，胜读十年书

含义：听某人的一番话，收获的智慧和知识超过读了十年的书。强调与有经验或智慧的人交往的重要性。用来赞美某人的见解或建议非常有价值。英文翻译：Listening to you speak for a moment is better than reading books for ten years.

7. 背后不商量，当面无主张

含义：背地里不与人讨论或商议，面对面时又没有自己的见解或立场。形容缺乏主见，不擅长临场应变。批评或描述某人在事情面前缺乏主见或勇气。英文翻译：They don’t discuss things behind the scenes，and have no opinions face to face.

8. 知彼知己，百战百胜

含义：只有充分了解对手和自己，才能在任何战斗中获得胜利。强调了解和研究对手，同时也自我了解和自我提高的重要性。英文翻译：Know your enemy and know yourself，and you can fight a hundred battles with no danger of defeat.

（二）主谓短语作谓语的语句

主谓谓语句，是根据谓语的结构性质划分出来的句型之一。指由主谓短语作谓语的句子，比如“个子高”是一个主谓短语，“小明个子高”这个句子当中“小明”是主语，“个子高”就是谓语。一般来说主谓谓语句有以下几种类型：

（1）由主谓句变换而来的，即把主谓句中某一动词的宾语或宾语的某一部分提到句首。如：“我知道这件事”（主谓句），“这件事我知道”（主谓谓语句）。

（2）主谓短语中的主语（小主语）同全句的主语（大主语）有领属关系，一般地说，小主语是属于大主语的。如：“大家心情很好”。

（3）从全句修饰语中减去介词“关于”“对于”，构成主谓谓语句。如：“关于团队管理，他的经验很丰富”（形容词性谓语句），“团队管理，他的经验很丰富”（主谓谓语句）；“对于这个问题，我们有不同看法”（动词性谓语句），“这个问题，我们有不同看法”（主谓谓语句）。

（4）作谓语的主谓短语里，主语、宾语表面上是相同的一个词。如：“咱们俩谁也别忘了谁”。

（5）大主语与谓语中某一词语在意义上有被复指和复指关系。如：“这孩子，我也疼他”。

把以上例句翻译成英文，简要分析如下：

①小明个子高。（Xiao Ming is tall.）

这个句子是一个典型的主谓谓语句，主语是“小明”，谓语是“个子高”。主谓之间直接表示了主语的状态，即“高”。

②这件事我知道。（I know about this matter.）

在这个句子中，主语是“这件事”，谓语是“我知道”。主谓之间的关系清晰地表达了动作的执行者和动作本身。

③大家心情很好。（Everyone is in a good mood.）

“大家”是主语，“心情很好”是谓语，句子直接表达了主语的情感状态。

④团队管理，他的经验很丰富。（In team management，he has extensive experience.）

在这个句子中，前半部分是主题，后半部分是主谓谓语句。“他的经验很丰富”是谓语部分，直接陈述了主题的情况。

⑤咱们俩谁也别忘了谁。（Both of us should not forget each other.）

在这个句子中，“咱们俩”是主语，“谁也别忘了谁”是谓语。主谓之间表达了双方的关系。

⑥这孩子，我也疼他。（This child，I also love him.）

在这个句子中，“这孩子”是主语，“我也疼他”是谓语。主谓之间直接表示了情感和态度。

现代汉语的主谓谓语句是汉语中最基本的句式之一，它通过主语和谓语构成，主要用来陈述句子的主要信息。通过上述例句，我们可以看到现代汉语的主谓谓语句主要以主语和谓语构成，直接表达了主语的状态、情感、动作等。与英语相比，这种句式在汉语中更加简洁明了，主谓之间的关系紧密，能够有效地传达句子的主要信息。

五　练习题（Liànxítí）Exercises

1. 每年的 ________，中国各地都会举行传统的赛龙舟比赛。
2. 在泰国，________ 是一种传统的新年庆祝方式，人们会互相泼水祈福。
3. 中国古代哲学认为宇宙由五行构成，分别是金、木、________、火和土。
4. 中国有句古话：“________”，意味着高尚的品德应如水般纯净无私。
5. 有一种说法叫作“________”，比喻坚持不懈的努力最终能够达到目的。
6. “________”是一个比喻，意味着徒劳无功的行为。
7. “________”是中国的一句成语，形容处境、环境非常适合自己。
8. “________”是中国的一句俗语，表达远方的帮助解决不了眼前的困难。

六　中国国情与文化（Zhōngguó Guóqíng yǔ Wénhuà）Chinese National Conditions and Culture

中华人民共和国对外关系法

2023 年 6 月 28 日第十四届全国人民代表大会常务委员会第三次会议

通过《中华人民共和国对外关系法》。该法包含六章：

第一章　总则

第二章　对外关系的职权

第三章　发展对外关系的目标任务

第四章　对外关系的制度

第五章　发展对外关系的保障

第六章　附则

在《总则》部分，阐述了颁布《中华人民共和国对外关系法》的目的、对外关系的基本准则和根本原则、违法追责等条款。中国制定对外关系法的根本目的是“为了发展对外关系，维护国家主权、安全、发展利益，维护和发展人民利益，建设社会主义现代化强国，实现中华民族伟大复兴，促进世界和平与发展，推动构建人类命运共同体，根据宪法，制定本法。”（总则第一条）这里体现了“达己而达人”的精神，维护本国的国家主权、安全、发展利益，促进世界和平与发展。

中国坚持独立自主的和平外交政策。“中华人民共和国坚持独立自主的和平外交政策，坚持互相尊重主权和领土完整、互不侵犯、互不干涉内政、平等互利、和平共处的五项原则。”“中华人民共和国遵守联合国宪章宗旨和原则，维护世界和平与安全，促进全球共同发展，推动构建新型国际关系；主张以和平方式解决国际争端，反对在国际关系中使用武力或者以武力相威胁，反对霸权主义和强权政治；坚持国家不分大小、强弱、贫富一律平等，尊重各国人民自主选择的发展道路和社会制度。”（第四条）这里有几个关键词，“独立自主”“和平外交”“反对使用武力”“反对霸权”“国家平等”“尊重各国人民自主选择的发展道路和社会制度”等是中国外交的最鲜明的特点。

在第二章的“对外关系的职权”部分，明确了“中华人民共和国外交部依法办理外交事务，承办党和国家领导人同外国领导人的外交往来事务。外交部加强对国家机关各部门、各地区对外交流合作的指导、协调、管理、服务。”（第十四条）本条款规定了中华人民共和国外交部是办理外交事务的主体。外交部统一领导中国的驻外大使馆、领事馆以及其他国际组织的代表团工作。“中华人民共和国驻外国的使馆、领馆以及常驻联

合国和其他政府间国际组织的代表团等驻外外交机构对外代表中华人民共和国。外交部统一领导驻外外交机构的工作。”（第十五条）

第三章是关于中国发展对外关系的目标任务。总的目标是“中华人民共和国发展对外关系，坚持维护中国特色社会主义制度，维护国家主权、统一和领土完整，服务国家经济社会发展。”（第十七条）工作的一个内容就是“推动践行全球发展倡议、全球安全倡议、全球文明倡议，推进全方位、多层次、宽领域、立体化的对外工作布局。”中国外交致力于“中华人民共和国促进大国协调和良性互动，按照亲诚惠容理念和与邻为善、以邻为伴方针发展同周边国家关系，秉持真实亲诚理念和正确义利观同发展中国家团结合作，维护和践行多边主义，参与全球治理体系改革和建设。”（第十八条）

中国外交维护以联合国为核心的国际体系，维护以国际法为基础的国际秩序。而不是维护某个国家或国家集团的所谓的“基于规则的体系”和“秩序”。原文是这样的：中华人民共和国维护以联合国为核心的国际体系，维护以国际法为基础的国际秩序，维护以联合国宪章宗旨和原则为基础的国际关系基本准则。中华人民共和国坚持共商共建共享的全球治理观，参与国际规则制定，推动国际关系民主化，推动经济全球化朝着开放、包容、普惠、平衡、共赢方向发展。（第十九条）

中国外交尊重和保障人权，弘扬全人类共同价值，尊重文明多样性，重视不同文明之间的交流对话。中国愿意承担起在全球环境气候治理上的责任。“中华人民共和国积极参与全球环境气候治理，加强绿色低碳国际合作，共谋全球生态文明建设，推动构建公平合理、合作共赢的全球环境气候治理体系。”（第二十五条）

第五章是发展对外关系的保障，在经费、人员等方面做出保障。“国家保障对外工作所需经费，建立与发展对外关系需求和国民经济发展水平相适应的经费保障机制。”（第四十一条）“国家加强对外工作人才队伍建设，采取措施推动做好人才培养、使用、管理、服务、保障等工作。”（第四十二条）“国家通过多种形式促进社会公众理解和支持对外工作。”（第四十三条）“国家推进国际传播能力建设，推动世界更好了解和认识中国，促进人类文明交流互鉴。”（第四十四条）特别是第四十四条，接受留学生来华学习、在海外开展国际中文教育等都是让世界人民更好了解和认识中国的具体做法。

第六章是附则，约定了“本法自 2023 年 7 月 1 日起施行”。

思考题

1. 中国外交最鲜明的特点是什么？
2. 《中华人民共和国对外关系法》自什么时候起施行？

七 高频汉字（Gāopín Hànzì）High-frequency Chinese Characters

（一）本课高频汉字

又　造　形　级　标　联　专　少　费　效　据　手

（二）读音、词性、经常搭配的词和短语

又	yòu	副词	又快又好，又来，又说
造	zào	动词	创造，制造，建造
形	xíng	名词	形态，形状，形式
级	jí	名词	级别，高级，一级
标	biāo	构词语素	标签，标志，标准
联	lián	动词	联合，联系，联盟
专	zhuān	形容词	专业，专心，专门
少	shǎo	形容词	少量，少数
费	fèi	名词 / 动词	费用，电话费；费时，费力
效	xiào	名词	效果，效率，效益
据	jù	构词语素	据说，据悉，据理力争

手	shǒu	名词	手臂，手工，手里

（三）书写笔顺

又	㇇	又							
造	丿	𠂉	𠂒	生	牛	告	告	丶告	诰
造									
形	一	二	于	开	开丿	形	形		
级	𠃋	乡	纟	纟丿	纫	级			
标	一	十	才	木	木一	木二	标	标	标
联	一	丅	丌	丌	丌	耳	耳	耳丶	耳丷
联	联	联							
专	一	二	专	专					
少	丨	𠂇	小	少					
费	㇆	𠃍	弓	弗	弗	弗	弗	费	费

效

效

据

据 据

手

附　录

附录一　练习题参考答案

第 1 课

1. 可行性研究；2. 投资成本；3. 经济效益；4. 环境影响评价；5. 市场分析；6. 技术方案；7. 运行成本；8. 政策法规。

第 2 课

1. 村民；2. 政策；3. 难题；4. 故土难离；5. 异地安置；6. 本地安置；7. 职业培训；8. 环境。

第 3 课

1. 工程；2. 可行性研究报告；3. 建设程序；4. 施工准备；5. 施工条件；6. 竣工验收；7. 后评价；8. 生产准备。

第 4 课

1. 水利工程；2. 单位工程；3. 水利枢纽；4. 过鱼工程；5. 发电工程；6. 升压变电工程；7. 交通工程；8. 坝基及坝肩防渗。

第 5 课

1. 施工方案；2. 进度计划；3. 施工总进度；4. 质量管理；5. 安全管理；6. 资源配置；7. 开工日期，完工日期；8. 机械设备，材料。

第 6 课

1. 施工准备；2. 施工用水；3. 材料堆放场地；4. 材料试验；5. 混凝土浇筑；6. 工程测量；7. 临建设施；8. 监理工程师。

第 7 课

1. 安全管理；2. 财务管理；3. 安全帽；4. 安全事故；5. 陡坡，滑；6. 新冠疫情；7. 全过程管理；8. 合同管理。

第 8 课

1. 平整场地；2. 推土机；3. 挖掘机；4. 边坡；5. 复平；6. 自卸汽车；7. 防渗；8. 回填。

第 9 课

1. 钻孔爆破；2. 内部爆破；3. 炸药；4. 导火索；5. 安全距离；6. 出渣；7. 移山填谷；8. 装药。

第 10 课

1. 基岩；2. 钢筋混凝土桩；3. 重力坝；4. 混凝土；5. 防渗；6. 钢筋；7. 坝基防渗；8. 坝基排水。

第 11 课

1. 水泥；2. 搅拌机；3. 混凝土；4. 钢筋；5. 养护；6. 质量检查；7. 浇水；8. 拆模。

第 12 课

1. 地下厂房；2. 隧道；3. 喷锚支护；4. 测量；5. 通风洞；6. 竖井；7. 全断面隧道掘进机；8. 出渣。

第 13 课

1. 水闸；2. 闸门；3. 船闸门；4. 启闭机；5. 翼墙；6. 上游连接段；7. 防渗帷幕；8. 防冲槽。

第 14 课

1. 洪水；2. 水库；3. 暴雨；4. 十年一遇 / 百年一遇；5. 分洪；6. 泄

洪；7. 洪峰；8. 消峰 / 错峰。

第 15 课

1. 水力发电；2. 水电站；3. 大坝；4. 清洁能源；5. 水轮发电机；6. 装机；7. 电力输送；8. 可再生。

第 16 课

1. 航船；2. 航道；3. 导航；4. 船闸；5. 升船机；6. 集装箱；7. 重心；8. 甲板。

第 17 课

1. 水力发电；2. 水库；3. 坝式水电站；4. 大坝；5. 引水式水电站；6. 闸门；7. 溢洪道；8. 厂房。

第 18 课

1. 发电站厂房；2. 调压室；3. 压力水管；4. 溢洪道；5. 水轮发电机；6. 调速器油压系统；7. 尾水渠；8. 隧洞。

第 19 课

1. 水轮机；2. 水轮机调速器；3. 定子，转子；4. 冷却系统；5. 变压器；6. 供水系统；7. 计算机监控系统；8. 排水系统。

第 20 课

1. 运行；2. 维护；3. 水轮机调速器；4. 异常处理；5. 巡回检查；6. 配电设备；7. 监控系统；8. 值班表。

第 21 课

1. 淹没；2. 旅游目的地；3. 生态环境；4. 局地气候；5. 现代工程；6. 水生生物；7. 科普；8. 自然风光。

第 22 课

1. 水；2. 宇宙大爆炸；3. 海洋；4. 光合作用；5. 气候变化；6. 水循环；7. 降水量；8. 湖泊。

第 23 课

1. 黄河；2. 尼罗河；3. 两河流域；4. 金字塔；5. 美索不达美亚；6. 恒河；7. 船；8. 洪水。

第 24 课

1. 端午节；2. 泼水节；3. 水；4. 上善若水；5. 水滴石穿；6. 竹篮打水一场空；7. 如鱼得水；8. 远水不解近渴。

附录二 词 汇 表

A

埃及	Āijí	267
安全	ānquán	96
安全第一	ānquán dì-yī	73
安全管理	ānquán guǎnlǐ	51
安全距离	ānquán jùlí	96
安全帽	ānquán mào	73
安全事故	ānquán shìgù	74
安置政策	ānzhì zhèngcè	17
岸壁	ànbì	144

B

坝后式水电站	bàhòushì shuǐdiànzhàn	194
坝基	bàjī	107
坝基防渗	bàjī fángshèn	107
坝基及坝肩防渗	bàjī jí bàjiān fángshèn	40
坝基排水	bàjī páishuǐ	107
坝内式水电站	bànèishì shuǐdiànzhàn	194
坝式水电站	bàshì shuǐdiànzhàn	193
百年一遇	bǎi nián yī yù	156
搬迁	bānqiān	16
办公区	bàngōngqū	62
爆破	bàopò	128
爆破坑	bàopòkēng	96
暴雨	bàoyǔ	156

D

K

L

N

P

Q

参 考 文 献

[1] 吕振华，徐茹钰．水利水电行业职业汉语教学内容与方法探微［J］．广东水利电力职业技术学院学报，2022，20（2）：74-77.

[2] 孙继昌．中国的水库大坝安全管理［J］．中国水利，2008（20）：10-14.

[3] 王仁钟，李雷，盛金保．水库大坝的社会与环境风险标准研究［J］．安全与环境学报，2006（1）：8-11.

[4] 李雷，王仁钟，盛金保．溃坝后果严重程度评价模型研究［J］．安全与环境学报，2006（1）：1-4.

[5] 王栋，朱元甡．防洪系统风险分析的研究评述［J］．水文，2003（2）：15-20.

[6] 马福恒．病险水库大坝风险分析与预警方法［D］．南京：河海大学，2006.

[7] 周克发．溃坝生命损失分析方法研究［D］．南京：南京水利科学研究院，2006.

[8] 吴中如．中国大坝的安全和管理［J］．中国工程科学，2000（6）：36-39.

[9] 李雷，陆云秋．我国水库大坝安全与管理的实践和面临的挑战［J］．中国水利，2003（21）：59-62.

[10] 郭生练，陈炯宏，刘攀，等．水库群联合优化调度研究进展与展望［J］．水科学进展，2010，21（4）：496-503.

[11] 张镜剑，傅冰骏．隧道掘进机在我国应用的进展［J］．岩石力学与工程学报，2007（2）：226-238.

[12] 畅建霞，黄强，王义民．基于改进遗传算法的水电站水库优化调度［J］．水力发电学报，2001（3）：85-90.

[13] 张勇传，李福生，熊斯毅，等．水电站水库群优化调度方法的研究［J］．水力发电，1981（11）：48-52.

[14] 王开艳，罗先觉，吴玲，等．清洁能源优先的风 - 水 - 火电力系统联合优化

调度［J］. 中国电机工程学报，2013，33（13）：27–35.

[15] 陈波，包志毅. 国外采石场的生态和景观恢复［J］. 水土保持学报，2003（5）：71–73.

[16] 白世伟，李光煜. 二滩水电站坝区岩体应力场研究［J］. 岩石力学与工程学报，1982（1）：45–56.

[17] 畅建霞，黄强，王义民. 水电站水库优化调度几种方法的探讨［J］. 水电能源科学，2000（3）：19–22.

[18] 宋胜武，冯学敏，向柏宇，等. 西南水电高陡岩石边坡工程关键技术研究［J］. 岩石力学与工程学报，2011，30（1）：1–22.

[19] 刘兰芬. 河流水电开发的环境效益及主要环境问题研究［J］. 水利学报，2002（8）：121–128.

[20] 谭维炎，刘健民，黄守信，等. 应用随机动态规划进行水电站水库的最优调度［J］. 水利学报，1982（7）：1–7.

[21] 鲁宗相，郭永基. 水电站电气主接线可靠性评估［J］. 电力系统自动化，2001（18）：16–19，27.

[22] 潘文国. "字"与 Word 的对应性（上）［J］. 暨南大学华文学院学报，2001（3）：42–51，74.

[23] 潘文国. "字本位"理论的哲学思考［J］. 语言教学与研究，2006（3）：36–45.

[24] 司马迁. 史记［M］. 北京：中华书局，2006：4–5.

[25] 张黎，张晔，等. 专门用途汉语教学［M］. 北京：北京语言大学出版社，2016.

[26] 尹斌庸. 谚语 101［M］. 北京：华语教学出版社，2015.

[27] 《学汉语》编辑部. 外国人汉语学习难点：第一册［M］. 北京：北京语言大学出版社，2012.

[28] 《学汉语》编辑部. 外国人汉语学习难点：第二册［M］. 北京：北京语言大学出版社，2012.

[29] 黄伯荣，廖序东. 现代汉语：上册［M］. 增订 6 版. 北京：高等教育出版社，2017.

[30] 王向飞，时秀梅，孙旭. 水资源规划及利用［M］. 北京：中国华侨出版社，2020.

[31] 贾宝力，孟凡军，王方．水利水电建设工程项目管理与施工技术创新［M］．北京：中国华侨出版社，2020.

[32] 张志呈，肖定军，肖益盖．矿山机械采掘技术与环境保护［M］．成都：西南交通大学出版社，2021.

[33] 彭豪祥，冯耕耘．三峡移民社会适应性研究［M］．武汉：武汉大学出版社，2015.

[34] 石伯勋，司富安，蔡耀军，等．水利勘测技术成就与展望［M］．武汉：武汉理工大学出版社，2018.

[35] 马吉明，张明，罗先武，等．水力发电站［M］．北京：清华大学出版社，2022.

[36] 王兆印，梅尔钦，易雨君，等．水利工程专业英语［M］．北京：清华大学出版社，2017.

[37] 邢红兵．25 亿字语料汉字字频表［EB/OL］．（2019-10-09）［2023-10-24］．https://faculty.blcu.edu.cn/xinghb/zh_CN/article/167473/content/1437.htm.

[38] 中华人民共和国水利部．SL 172—2012 小型水电站施工技术规范［S］．北京：中国水利水电出版社，2012.

[39] 中华人民共和国水利部．SL 213—2012 水利工程代码编制规范［S］．北京：中国水利水电出版社，2012.

[40] 中华人民共和国水利部．SL 26—2012 水利水电工程技术术语［S］．北京：中国水利水电出版社，2012.

[41] 中华人民共和国水利部．SL 551—2012 土石坝安全监测技术规范［S］．北京：中国水利水电出版社，2012.

[42] 中华人民共和国水利部．SL 530—2012 大坝安全监测仪器检验测试规程［S］．北京：中国水利水电出版社，2012.

[43] 中华人民共和国水利部．SL 509—2012 灌浆记录仪校验方法［S］．北京：中国水利水电出版社，2012.

[44] 中华人民共和国水利部．SL 604—2012 水利数据中心管理规程［S］．北京：中国水利水电出版社，2012.

[45] 中华人民共和国水利部．SL 631—2012 水利水电工程单元工程施工质量验收评定标准——土石方工程［S］．北京：中国水利水电出版社，2012.

[46] 中华人民共和国水利部. SL 632—2012 水利水电工程单元工程施工质量验收评定标准——混凝土工程［S］. 北京：中国水利水电出版社，2012.

[47] 中华人民共和国水利部. SL 633—2012 水利水电工程单元工程施工质量验收评定标准——地基处理与基础工程［S］. 北京：中国水利水电出版社，2012.

[48] 中华人民共和国水利部. SL 634—2012 水利水电工程单元工程施工质量验收评定标准——堤防工程［S］. 北京：中国水利水电出版社，2012.

[49] 中华人民共和国水利部. SL 635—2012 水利水电工程单元工程施工质量验收评定标准——水工金属结构安装工程［S］. 北京：中国水利水电出版社，2012.

[50] 中华人民共和国水利部. SL 636—2012 水利水电工程单元工程施工质量验收评定标准——水轮发电机组安装工程［S］. 北京：中国水利水电出版社，2012.

[51] 中华人民共和国水利部. SL 637—2012 水利水电工程单元工程施工质量验收评定标准——水力机械辅助设备系统安装工程［S］. 北京：中国水利水电出版社，2012.

[52] 中华人民共和国水利部. SL 247—2012 水文资料整编规范［S］. 北京：中国水利水电出版社，2012.

[53] 光明网. 十年间我国中央财政专项扶贫资金投入6896亿元［EB/OL］.（2021-07-30）［2023-10-24］. https://m.gmw.cn/baijia/2021-07/30/1302444995.html.

[54] 新华社. 十年开拓，中国助力全球绿色发展［EB/OL］.（2022-09-30）［2023-10-24］. http://www.news.cn/2022-09/30/c_1129044259.htm.

[55] 国家能源局. 迈向清洁低碳——我国能源发展成就综述［EB/OL］.（2021-06-18）［2023-08-26］. http://www.nea.gov.cn/2021-06/18/c_1310015819.htm.

[56] 中华人民共和国外交部. 全球安全倡议概念文件［EB/OL］.（2021-06-18）［2023-02-21］. https://www.mfa.gov.cn/web/ziliao_674904/1179_674909/202302/t20230221_11028322.shtml.

[57] 新华社. 习近平在中国共产党与世界政党高层对话会上的主旨讲话（全文）［EB/OL］.（2023-03-15）［2023-08-27］. http://www.news.cn/politics/leaders/2023-03/15/c_1129434162.htm.

[58] 柳絮. 绿水青山就是金山银山——“纪念习近平‘两山’重要思想提出十周年”［J］. 中国生态文明，2015（3）：20-21.

[59] 中华人民共和国商务部. 东盟发布2022年投资报告（一）：东盟外国直接投资疫后强劲复苏［EB/OL］.（2022-09-26）［2023-10-24］. http://asean.mofcom.gov.cn/dmjmdt/art/2022/art_e254a8b456a1465698c89acd239cc1cf.html.

致　谢

本书书名为《水电站汉语》（基础篇），是给水利水电专业来华留学生或者母语非汉语的水电从业人员使用的。该书的出版之路充满了挑战和不易，从2021年就开始构思，到2024年终于如期与大家见面，前后历时三年有余。这本书从最初的构想到最后的出版，背后凝聚着无数人的心血和努力。

2022年3月，华北水利水电大学承建的马来西亚砂拉越科技大学孔子学院开始了《水电站汉语》的教学。一开始不知道从哪里着手，可以说是摸着石头过河。经过无数次的尝试和修改，终于摸索出了一个有效且行之有效的上课模式。在准备课件PPT的过程当中，我们会先找大量的相关资源。以“土石方工程”这一课为例，我们会先找相关资源，然后从这些资源中确定15～20个关键词。每个词语都会加上汉语拼音和英文释义，以便于学员学习和理解。接着，我们还会找一些相关的、适合的照片，以更形象、生动地展示概念，方便学员更好地理解和掌握汉语，学习水电领域的专业知识。还用了不小的篇幅讲解中国国情与文化，以增加课程的趣味性和互动性。准备好一堂课通常需要一天半到两天的时间，这背后的努力和专注是为了让每一堂课都能达到预期的教学效果。

我们要特别感谢中国水利水电出版社编辑们的大力支持！没有他们的鼎力相助，这本书很可能还停留在构思阶段。感谢华北水利水电大学张富生教授宝贵的建议和耐心的指导！

感谢马来西亚沙捞越科技大学孔子学院这个宝贵平台。正是有了这个平台，我们才有机会开设水利水电中文课程。正是开设了这门课程，我们才有了实践条件；正是有了这样的实践条件，我们才能把多年的教学经验、课件、教案和心得体会整理成这样一本具有较大参考价值的书。

最后，我们期望这本书能够服务于更多的人，特别是海外中国水电企业数以千计的本土员工。我们希望这本教材能够提升他们的汉语水平，增强他们的专业技能，加深他们对中国的了解。

这里，我再次用最深的情感向每一位为这本书付出过努力和时间的人表示最真诚的感谢！你们的支持和贡献让这本书得以完成，也让我们更加坚信，在大家的共同努力下，这本书将会变得更好，也将为更多的人带来助益！

吕振华

于中国河南郑州　华北水利水电大学龙子湖校区

2024 年 11 月 18 日